特色农产品质量安全管控"一品一策"丛书

散养蛋鸡标准化养殖质量安全风险管理

吉小凤　主　编

赵阿勇　丁向英　肖英平　副主编

中国农业出版社

农村读物出版社

北　京

编写人员

主　编　吉小凤　浙江省农业科学院

副主编　赵阿勇　浙江农林大学

　　　　丁向英　江山市养殖业发展服务中心

　　　　肖英平　浙江省农业科学院

参　编　浙江省农业科学院（按姓氏笔画排序）

　　　　马剑刚　马灵燕　王小骊　邓　涛

　　　　吕文涛　李　锐　肖英平　肖兴宁

　　　　吴俐勤　汪建妹　汪　雯　贺烨宇

　　　　唐　标

　　　　江山市农业农村局（按姓氏笔画排序）

　　　　毛小东　叶方伟　刘　丹

　　　　江山市养殖业发展服务中心（按姓氏笔画排序）

　　　　王　锦　毛荣华　毛海玲　余　蕴

　　　　周　展　柴素洁

　　　　建德市农业农村局

　　　　余红伟

　　　　安吉县农业农村局（按姓氏笔画排序）

　　　　张耀耀　黄　平

浙江大夫第现代农业有限公司
    蔡顺旺
安吉福寿农业开发有限公司
    杨维军
嘉兴市秀洲区王店镇农业农村办公室
    严金昌
澜海生态农业（杭州）有限公司
    姚凯勇

　　鸡蛋作为一种质优价廉的蛋白质来源，是我国城乡居民饮食的重要组成部分。自 20 世纪 70 年代末，我国蛋鸡生产持续保持良好的发展势头，鸡蛋产量连续多年居世界第一位。2020 年，我国禽蛋产量 3 468 万 t，继续保持产量世界第一。人均占有量 24.8 kg，远超世界平均水平，接近发达国家水平。规模化蛋鸡产业快速发展，在城乡居民鸡蛋消费、营养膳食结构、促进农民持续增收等方面做出重要贡献。但随着人们对健康生活的追求，对原生态农产品的消费需求更加迫切。相对于集约化笼养鸡，散养鸡一般利用荒山草坡、果园林地等天然青绿饲料，以及昆虫、蚯蚓等动物性饲料这一资源优势，从大自然获得所需要的部分青饲料和蛋白质饲料，同时借助鸡喜爱活动、觅食力强的特性，使得散养鸡的肉蛋产品有了"野味"，更受消费者青睐。但散养鸡养殖规模化程度小，设施简陋，养殖者基本集中在 40～50 岁，或者兼职养殖的人比较多，养殖技术缺乏专业的培训和指导。散养鸡养殖过程中，可能存在兽药使用不规范、饲料中非法添加药物、消毒剂污染、重金属污染、化学违禁物污染、有害微生物污染等现象，这些均可能影响散养鸡产品的质量安全。一旦质量不安全的产品流入市场，就会对消费者健康造成潜在的危害。

近年来，浙江省农业农村厅、财政厅联合开展了农业标准化生产示范创建（"一县一品一策"）行动。该行动立足鸡的养殖生产、鸡蛋收贮运全产业链，通过深入调研、排查、评估、科学分析鸡蛋生产过程中质量安全风险隐患关键点，针对性开展关键技术研究，集成蛋鸡全产业链管控技术，提出管控策略。为更好地总结"一县一品一策"技术成果，并对相关技术开展广泛的推广及应用，因而编写《散养蛋鸡标准化养殖质量安全风险管理》一书。本书紧扣当前生产实际，注重科学性、系统性、实用性和先进性，重点突出，通俗易懂，不仅适合鸡场饲养技术人员、管理人员和养殖主体阅读，而且可以作为大专院校、农民培训的辅助教材和参考书。

由于编者水平有限，书中的不当之处在所难免，恳请读者不吝赐教。

编　者

第 一 章 散养蛋鸡品种

　　散养鸡指的是在山地、林间等放养的鸡，和野生鸡类似，日常靠着吃稻谷、玉米等五谷杂粮以及山间的小虫子长大，其肉蛋品质和营养价值是圈养鸡无法超越的。对于散养鸡来说，需要选择体型适中、体格健壮的鸡种。由于需要长期在山地或者林间进行刨食、跑动，也需要具有较强的野外觅食和生存能力，具有耐粗饲、就巢性强和抗病力强等特性。

一、仙居鸡

　　仙居鸡又称"仙居土鸡""仙居三黄鸡"，是中国优良的小型蛋用地方鸡种。原产地在浙江省的仙居县及邻近的临海、天台等县市，在仙居县饲养已有上千年的历史，是不可多得的宝贵蛋鸡品种。全身羽毛紧密，公鸡颈羽呈金黄色，主翼羽红色夹杂黑色，尾羽为黑色；母鸡主翼羽半黄半黑，尾羽为黑色，颈羽夹杂斑点状黑灰色羽毛。喙为黄色，单冠，公鸡冠较高，冠齿 5～7 个。鸡冠与肉髯呈鲜红色，眼睑薄，虹彩呈橘黄色，耳色淡黄。胫、爪呈黄色，无羽毛。体型紧凑，体态匀称，小巧玲珑，背平直，翅紧贴，尾羽高翘，状如"元宝"。头大小适中，颈细长。成年（22 周龄）体重：公鸡 1.6～1.8 kg，母鸡 1.25～1.40 kg；开产日龄：130～150 d，开产体重：1.15～1.20 kg，公母配比：1∶（12～15）。在一般的饲养管理条件下，仙居鸡 500 日龄产蛋量为 180～220 枚。平均蛋重为 44 g，蛋形指数 1.36。在中国农业科学院 1989 年编写的《中国家禽品种志》中，仙居鸡名列优良地方品种首位，被誉为"中华第一鸡"。2006 年被收录到《国家级畜禽遗传资源保护名录》，是农业部确定保种的 11 个地方鸡品种之一。2006 年 12 月 28 日，国家质量监督检验检疫总局批准对"仙居鸡"实施地理标志产品保护。

二、龙游麻鸡

龙游麻鸡，是衢州市的特有鸡种，经浙江省农业农村厅认定入选《浙江省畜禽遗传资源保护名录》。龙游麻鸡体型中等偏小，公鸡羽毛紧密，体羽多为橙红色和深绛红色。橙红色公鸡仅有主尾羽，大镰羽和翼羽尖端呈深褐色或雀绿色，富有光泽；深绛红色公鸡头部、颈部、背中羽毛颜色较深，尾、翼羽呈黑色或灰褐色。单冠红色，冠峰直立、较大，肉髯、耳叶红色，眼球中等，虹彩橙黄色，结构匀称，行动灵活。母鸡头细小，单冠直立，肉髯鲜红，体躯呈楔形，羽毛较为紧密，颜色多数为麻黄色，胫趾部的颜色有黄色和青色之分。成年公鸡平均体重为 1.60 kg 左右，母鸡 1.55 kg 左右，开产日龄在 140～160 d，500 日龄产蛋量可达 180～200 枚，平均蛋重 53.9 g。该鸡肉质鲜美，含谷氨酸 2.8%～3.2%，粗蛋白 20.5%～23.3%，锌 9.8～12 mg/kg，是被农业农村部认可的地理标志农产品。

三、江山乌骨鸡

江山乌骨鸡，是浙江省江山市的特有鸡种，也是我国名贵珍禽之一。江山乌骨鸡，体态清秀，冠和肉髯呈绛色，耳叶雀绿色，全身羽毛洁白，喙、舌、皮、肉、骨、内脏、脚等俱乌，煮熟后肉、骨乌色不变。该鸡肉质鲜嫩、胶质多、营养丰富全面，对虚劳羸弱、消渴等有特殊补效。成年公鸡平均体重为 1.6 kg 左右，母鸡 1.5 kg 左右，平均开产日龄为 184 d，500 日龄平均产蛋量为 138 枚，平均蛋重 56.47 g。2002 年列入《国家级畜禽品种资源保护目录》。经中国农业科学院北京畜牧兽医研究所生化分析，江山乌骨鸡含有赖氨酸等 8 种人体必需的氨基酸，营养丰富。

四、白耳黄鸡

白耳黄鸡为我国稀有的白耳蛋用早熟鸡种，主产于江西的广丰、上饶、玉山和浙江的江山。白耳黄鸡具有"三黄一白"的外貌特征，即黄羽、黄喙、黄脚、白耳。耳叶大，呈银白色，似白桃花瓣；虹彩金黄色，喙略弯，呈黄色或灰黄色。全身羽毛呈黄色，单冠直立，公母鸡的皮肤和胫部呈黄色，无胫羽。平均初生重为 37 g，平均开产日龄为 150 d，年平均产蛋 180 枚，平均蛋重为 54 g，蛋壳深褐色，壳厚 0.34～0.38 mm，蛋形指数 1.35～1.38。白耳黄鸡在 2001 年被农业部确认为首批国家级资源保护品种。

五、农大3号

农大3号全称是"农大褐3号"矮小型蛋鸡。它是中国农业大学动物科技学院用纯合矮小型公鸡与慢羽普通型母鸡杂交出的配套系，商品代生产性能高，可根据羽速辨别雌雄，快羽类型的雏鸡都是母鸡，慢羽雏鸡都是公鸡。72周龄年产蛋数可达260枚，平均蛋重约58 g，蛋壳颜色为粉色，产蛋期日耗料量85～90 g/只，料蛋比2.1∶1。饲养管理特点：①不能与其他蛋鸡混养，采食抢不过其他鸡。②不要限制饲喂，管理要细致，勤匀料；根据鸡的发育情况，适当分群；如果育成鸡的体重没有达到标准，应推迟增加光照时间。③产蛋期应适当调整饲料的营养水平，保证粗蛋白含量达到17.5%，蛋氨酸含量达到0.45%，含硫氨基酸达到0.7%～0.72%；产蛋期正常的日采食量为85～90 g，若低于这一水平，则可能营养供应不足，应采取措施促进鸡采食，如提高饲料适口性、改粉料为颗粒料、增加匀料、减少应激等。④淘汰体重偏低的鸡。

六、海兰灰鸡

海兰灰鸡是我国从国外引进的粉壳蛋鸡品种。海兰灰与海兰褐的父本为同一父本，海兰灰的母本为来航鸡。海兰灰的商品初生鸡全身绒毛为鹅黄色，有黑色小点分布全身。通过羽速鉴别雌雄，成年鸡背部羽毛为灰浅红色，翅间、腿部和尾部为白色，皮肤、喙和胫的颜色均为黄色。体型较小，成年母鸡体重2.0 kg左右，500日龄产蛋300枚。产蛋性能高，蛋小，蛋壳颜色为粉色。许多养殖场将海兰灰母鸡与其他品种的鸡混养，提高产蛋率。

七、绿壳蛋鸡

绿壳蛋鸡因产绿壳蛋而得名，其特征是所产蛋的外壳颜色呈绿色，是我国特有禽种，是比乌鸡还珍贵的鸡种。该鸡种抗病力强，适应性广，喜食青草菜叶，饲养管理、防疫灭病和普通家鸡没有区别。绿壳蛋鸡体型较小，结实紧凑，行动敏捷，匀称秀丽，性成熟较早，产蛋量较高。成年公鸡体重 3.2～4.5 kg，母鸡体重 1.9～3.1 kg，年产蛋 160～180 枚。绿壳蛋鸡完全具备黑凤乌鸡的五黑特点，含有大量有滋补保健价值的黑色素以及人体必需的 17 种氨基酸、多种维生素和硒、铁等矿物质，其肉质乌黑结实、味香鲜美、口感极好；鸡肉中各种氨基酸明显高于其他鸡种，具有滋补肝肾、大补气血、调经止带等功效，被誉为"药鸡"。

八、北京油鸡

北京油鸡是肉蛋兼用型鸡种，具备羽黄、喙黄、胫黄的"三黄"特征，其肉质优良，胸肌含肌内脂肪，鸡蛋含脂肪酸等营养物质。北京油鸡的体型中等，其中羽毛呈赤褐色的鸡，体型较小；羽毛呈黄色的鸡，体型略大。初生雏鸡全身披着淡黄或土黄色绒羽，冠羽、胫羽、髯羽也很明显，体浑圆。成年鸡的羽毛厚密而蓬松，其尾羽与主、副翼羽中常夹有黑色或以羽轴为中界的半黑半黄的羽片。公鸡的羽毛色泽鲜艳光亮，头部高昂，尾羽多呈黑色。母鸡的头、尾微翘，胫部略短，体态敦实。母鸡 7 月龄开产，开产体重为 1.6 kg。在农村放养条件下，每只母鸡年产蛋量约为 110 枚，当饲养条件较好时，可达 125 枚。平均蛋重为 56 g。每只母鸡的年产蛋总重量约为 7 kg。蛋壳褐色，有些个体的蛋壳呈淡紫色，素有"紫皮蛋"之称，蛋壳的表面覆盖一层淡的白色胶护膜（俗称"白霜"），色泽格外新鲜。2020 年 4 月 30 日，农业农村部批准对"北京油鸡"实施农产品地理标志登记保护。

九、贵妃鸡

贵妃鸡外貌奇特，因母鸡头部的羽毛格外茂盛，形似欧洲贵妇人使用的羽毛帽而得名，三冠、五趾、黑白花羽是最典型的特征。贵妃鸡抗病能力较强，适应性广，放养、圈养、笼养均可。成年公鸡体重 1.5～1.8 kg，母鸡 1.25 kg 左右，母鸡 150 日龄左右可开产，年产蛋量 150～180 枚，蛋壳乳白色，平均蛋重 40 g，蛋呈椭圆形。贵妃鸡生长迅速，公鸡饲养 3 个月体重 1.5 kg，即可上市。贵妃鸡肉质细腻，油而不腻，营养丰富，含有人体所需的 17 种氨基酸、10 多种微量元素和多种维生素。

第 二 章　场址选择与布局

一、场址选择要求

选址是蛋鸡场建设的第一步，选择合适的地理位置，可以协调蛋鸡场、自然环境、社会环境之间的关系，使得三者之间保持平衡。

（1）鸡场建设应经过环境评估，鸡场周围环境质量应符合NY/T 388《畜禽场环境质量标准》的规定，鸡场环境要符合《中华人民共和国动物防疫法》（以下简称《动物防疫法》）有关要求。

（2）散养鸡场应选择荒坡、林地、果园、闲田等，背风向阳，地势高燥，排水良好。在山区建场，鸡舍应选在稍平缓的山坡上，宜选择在山的阳面。

（3）距离生活饮用水源地、动物屠宰加工场所、动物和动物产品集贸市场 500 m 以上；距离种畜场 1 000 m 以上；距离动物诊疗场所 200 m 以上；动物饲养场（养殖小区）之间距离不少于 500 m。

（4）距离动物隔离场所、无害化处理场所 3 000 m 以上。

（5）距离城镇居民区、文化教育科研等人口集中区域及公路、铁路等主要交通干线 500 m 以上。

（6）土壤未被生物学、化学、放射性物质污染，且透水性强，吸湿性和导热性弱，抗压性强。

（7）场地土壤透气性和渗透性良好，场区地面有一定的坡度利于排水，或者人工设计排水沟，保证雨天场地不积水。

（8）水源充足，饮用水应符合 NY 5027《无公害食品　畜禽饮用水水质》要求。

二、场区布局要求

（1）养殖场分区清楚，设置有生活管理区、生产区及无害化处理区。生产区应设在生活管理区常年主导风向的下风向，无害化处理区应设在生产区、生活管理区的下风口或侧风口处。

（2）场区入口处设置与门同宽、长 4 m、深 0.3 m 以上的消毒池。

（3）场区整体布局合理，生产区与生活办公区分开，并有隔离设施。

（4）生产区内清洁道、污染道分别设置。

（5）生产区内各养殖栋舍之间距离在 5 m 以上或者有隔离设施。

（6）孵化间与养殖区之间应当设置隔离设施，并配备种蛋熏蒸消毒设施。孵化间的流程应当单向，不得交叉或者回流。

（7）鸡舍和运动场要有防鼠、防鸟等设施，防止饲料及其他设施遭受污染、损坏。

（8）有配备疫苗冷冻（冷藏）设备、消毒和诊疗等防疫设备的兽医室，或者有兽医机构为其提供相应服务。

（9）有与生产规模相适应的无害化处理、污水污物处理设备。

（10）有相对独立的动物隔离舍，距离鸡群至少要 100 m，距离远可减少经空气传播潜在病原的感染机会。隔离舍要采取全进全出方式，设施要彻底冲洗、消毒，并保持干燥。

（11）设施设备

①饲养设备：包括投料设备、清粪设备、自动饮水设备等。

②物理消毒设备：机械清扫设备、冲洗设备、紫外线灯、火焰消毒设备、湿热灭菌设备等。

③化学消毒设备：喷雾设备、消毒液机、次氯酸钠发生器、臭氧空气消毒机等。

④通风降温设备：风机、喷雾降温系统。

⑤光照设备：鸡舍除了光源以外，要有光照自动控制器。

⑥饮水设备：真空饮水器、吊塔饮水器、长槽饮水器、乳头饮水器、杯式饮水器。

⑦发电设备：发电机等。

第 三 章　养殖环境与设施建设

一、养殖环境

1. 荒坡林地

选择比较偏远但车辆能够到达、地势高燥、排水良好的荒坡林地。地势要有一定坡度，以 10°～20°为宜。

2. 山区林地

选择远离城镇、交通主干道，环境适宜的山区林地，最好是果园、阔叶林等。坡度不宜过大，最好是丘陵山地，土质以沙壤土为宜，场地要有干净水源。

3. 果园、桑林、竹林

果园、桑林、竹林养鸡，应选择向阳、平坦、干燥的场地。阳光要充足，坡度不大，水源干净，用电方便。

二、设施建设

鸡场应该合理布局，对鸡场内的各类房舍、道路、排水设施、排污设施等进行合理的分区规划，规划原则要有利于防疫、安全生产、工作方便，尤其应考虑风向和地势，通过合理布局来减少疫病的发生。

1. 生活区

生活区应在场区的上风向和地势较高的地段，设在交通便利和利于作业的地方，大门口应设车辆消毒池，场外车辆只能在生活区活动。场区出入口要设置消毒池，消毒池长度不小于大型机动车车轮周长的 1.5 倍，宽度与大门的宽度相等，同时建设消毒间，消毒间内安装相关消毒设施。

2. 生产区

生产区是鸡场的核心，应处在生活区的下风向和地势略低处，与外界以及其他区域有 1.5～2.0 m 高的铁丝或尼龙隔离网，也可种植树木篱笆配合秧蔓植物作为隔离围栏，围栏留有通往辅助区和通往外界的大门。生产区应按照规模大小、饲养批次、日龄把鸡舍分成几个饲养区，鸡舍的布局应根据主风方向与地势，按孵化室、幼雏舍、中雏舍、后备鸡舍、成鸡舍的顺序布置。雏鸡舍（包括幼雏舍、中雏舍和后备鸡舍）应放在防疫比较安全的上风向和地势较高处。雏鸡舍和成鸡舍应有一定的距离。

辅助生产区包括饲料库、蛋库等，应处在生产区上风向和地势较高的地方，与生产区有一定的距离。

3. 放养场地

放养场地应简单平整，一般要求每个轮牧区的最大坡度不超过 15°，且排水通畅；填平轮牧区内的大坑，预防积水而带来的污染；清除老鼠、黄鼠狼等有害动物的洞穴；打通鸡舍到每个轮牧区的道路以及每个轮牧区之间的道路，方便鸡群以及管理人员通过。放养场地一般要分割成 2～3 个轮牧区，每个轮牧区边缘相对鸡群入口位置越短越好，距离最好不要超过100 m，轮牧区之间用尼龙网或竹子隔开。如果放养场地距离鸡舍较远，可以在放养场内设置饮水设备。

4. 沙浴池的设置

沙浴池要建在放养场地，选择一个阳光充足、排水通畅、通风良好的地方，沙的厚度一般为 15～20 cm。沙床是鸡用来滚身"洗澡"，清理皮肤和羽毛上的寄生虫和污物的地方。另外，沙浴池中加适量的草木灰、硫黄粉，可以杀灭鸡的体表寄生虫，防止鸡的体表缺硫。

5. 隔离区

隔离区主要存放鸡粪、病死鸡、隔离的病鸡、污水、其他污染物等。应建在场区的最下风向、地势应最低，并与鸡舍保留至少 300 m 的距离。隔离区设在生产区通往外界的大门旁，主要包括兽医室、隔离鸡舍、病死鸡焚尸炉和粪便处理场。隔离区地面硬化、排污等应符合养禽场污染物处理规程。

6. 道路

场区内净道和污道、雨水管道和污水管道要严格分开。

7. 防护设施

养殖区界线要划分明确，养殖场的四周应建较高的围墙或挖深的防护沟，防止人员及其他动物进入场区。

三、鸡舍的建设

1. 散养鸡舍的建设要求

（1）能通风换气　散养鸡舍要有前窗、后窗和天窗，以便除去舍内热气、湿气和有害气体。

（2）便于清扫消毒　最好是水泥地面，便于清理鸡粪和消毒。

（3）育雏舍可保温隔热　育雏舍门窗可以悬挂门帘和窗帘，墙壁无缝隙，有增温装置。

（4）活动场地位置要适当　活动场地要求有坡度，雨天不积水，空气易流通，水源无污染。

2. 鸡舍的种类

（1）简易鸡舍　在果园、林地等放养区，找一处地势较高、背风向阳的平地，用油毡、无纺布、竹子、木材等建成简易鸡舍。

（2）普通鸡舍　在果园或林地的北边修建 2 m 高墙，东西两侧留窗，南侧可用钢丝网或铁丝网围隔。

（3）塑料大棚鸡舍　鸡舍背部、左侧、右侧为墙壁，前面是用竹竿或钢管做成的弧形拱架，外敷塑料薄膜。棚舍的前部要设排水沟，及时排水。背部墙壁应设有窗户，通风换气。门设在一侧，向外开门。

（4）封闭式鸡舍　又称无窗鸡舍。这种鸡舍顶盖与四壁隔热良好，四面无窗，舍内环境通过人工或仪器控制进行调节。鸡舍内采用人工通风与光照，通过变换通风量的大小，控制舍内温度、湿度和空气成分。

四、设备和用具

1. 增温设备

育雏时需要增温，常用的增温设备有电热伞、电热板、红外灯、暖风炉等。

2. 食盘和食槽

食盘和食槽是养鸡的必要设备，要求光滑平整、采食方便、易于清理。

3. 饮水设备

常用的饮水设备有塔式自动饮水器和乳头式饮水器。

4. 栖架

在育成鸡的鸡舍内要建设供鸡只休息的栖架。

5. 产蛋箱

首先在建立鸡舍时应该预留方便产蛋箱进出的通道。产蛋箱的大小要便于取蛋，并放置在安静、光线较弱处，且数量应与鸡舍内产蛋鸡的数量相匹配，一般比例为 7～8 只产蛋鸡一个产蛋位较为合理。

第 四 章 　蛋鸡场饲料和饲料添加剂管理

　　散养蛋鸡饲料应符合 NY 5032—2006《无公害食品　畜禽饲料和饲料添加剂使用准则》的要求。该标准规定了生产无公害畜禽产品所需的各种饲料的使用技术要求，及加工过程、标签、包装、贮存、运输、检验的规则。适用于生产无公害畜禽产品所需的单一饲料、药物饲料添加剂、配合饲料、浓缩饲料和添加剂预混合饲料。

一、散养蛋鸡的营养需求

1. 能量

　　蛋鸡所需要的能量主要来自日粮中的碳水化合物和脂肪。各种谷实类饲料中都含有丰富的碳水化合物，如玉米、小麦、高粱等。脂肪是高能量物质，热能是碳水化合物的 2.25 倍。日粮的能量水平是决定鸡采食的重要因素。

2. 蛋白质

　　蛋白质是由 20 多种氨基酸组成的。氨基酸的营养对提高蛋鸡生产性能以及降低养殖场饲料成本来说非常重要。有一部分氨基酸是鸡体内不能合成的，包括精氨酸、组氨酸、异亮氨酸、亮氨酸、赖氨酸、蛋氨酸、苯丙氨酸、苏氨酸、色氨酸和缬氨酸，为鸡的必需氨基酸。在一般谷物中赖氨酸、蛋氨酸、色氨酸和胱氨酸含量较少，又称限制性氨基酸。蛋鸡日粮中蛋白质的来源主要是豆饼、豆粕、菜籽饼、菜籽粕、鱼粉等。

3. 维生素

维生素具有调节鸡体碳水化合物、蛋白质、脂肪代谢的功能。虽然所需剂量较小，但是对蛋鸡的生长发育、生产性能、饲料利用率具有很大的意义。

4. 矿物质

蛋鸡所需的矿物质元素至少有 13 种。矿物质缺乏会引起蛋鸡的代谢失调，出现各种病症。

5. 水

水在营养物质的消化、吸收、代谢、循环、排泄中起到重要的作用。对蛋鸡的健康生长至关重要。

二、饲料的管理

（1）饲料卫生应符合 GB 13078《饲料卫生标准》的规定。

（2）饲料应品质优良，无污染、无霉变，含有天然毒素的饲料原料应脱毒处理，并控制好用量。

（3）不应使用相关法律法规中所禁用的饲料和饲料添加剂以及其他禁用化合物，避免有毒、有害物质混入饲料。

（4）应建立用料记录和饲料留样制度，使用的饲料样品至少保留 3 个月，并应对饲料原料及饲料产品采购来源、质量、标签情况进行记录。

（5）不同类型的饲料应清晰标识、分类存放，防止饲料变质和交叉污染，加药饲料应单独贮藏，标识清晰。

（6）所有盛装饲料的容器和运输饲料的卡车应定期清洗消毒。

（7）使用自制配合饲料的家禽养殖场应保留饲料配方。

三、饲料的感官要求

（1）具有该饲料应有的色泽、味及组织形态特征，质地均匀。

（2）无发霉、变质、结块、虫蛀且无异味、异物等。

（3）饲料和饲料添加剂在生产、使用过程中应是安全、有效的，且不会对所处的环境造成污染。

（4）符合单一饲料、饲料添加剂、配合饲料、浓缩饲料和添加剂预混合产品的饲料质量标准规定。

四、饲料添加剂的合理使用

（1）饲料、饲料原料及饲料添加剂应符合 GB 13078《饲料卫生标准》的规定。做好饲料检测记录。

（2）严禁使用国家禁止的饲料原料配制饲料。做好饲料购买记录和饲料贮存记录。

（3）饲料添加剂产品应是由具有农业农村部颁发的《饲料添加剂生产许可证》的正规企业生产，具有产品批准文号。饲料添加剂的使用应遵照饲料标签所规定的用法和用量。做好饲料添加剂购买记录和使用记录，并将饲料添加剂生产许可证和饲料标签复印件存档。

（4）药物饲料添加剂的使用应按照 2003 年农业部公告第 318 号执行。使用药物饲料添加剂应严格执行弃蛋期规定。做好药物饲料添加剂使用记录和弃蛋记录。

五、药物饲料添加剂的合理使用

（1）药物饲料添加剂的使用应遵守《饲料药物添加剂使用规范》，并应注明使用的添加剂名称及用量。

（2）添加药物饲料添加剂的饲料在接收、处理和贮存过程中应保持安全有序，防止误用和交叉污染。

（3）使用添加药物添加剂的饲料时，应遵照产品饲料标签所规定的用法、用量使用。

六、饲料配方

（1）饲料配方应遵守安全、有效、不污染环境的原则。

（2）饲料配方的营养指标应达到该产品所执行标准中的规定。

（3）饲料配方应由饲料企业专职人员负责制定、核查，并标注日期，签字认可，以确保其正确性和有效性。

（4）应保存每次饲料配方的原件和配料清单。

七、饲料配制

1. 基本要求

（1）饲料加工过程使用的所有计量器具和仪表，应进行定期检验、校准和正常维护，以保证精确度和稳定性，其误差应在规定范围内。

（2）微量和极微量组分应使用专用设备在专门的配料室内进行。应有翔实的记录，以备追溯。

（3）配料室应有专人管理，保持卫生整洁。

2. 混合

（1）混合工序投料应先投入占比大的原料，依次投入用量少的原料和添加剂。

（2）生产含有药物饲料添加剂的饲料时，应根据药物类型，先生产药物含量低的饲料，再生产药物含量高的饲料。

（3）同一批次应先生产不添加药物饲料添加剂的饲料，然后生产添加药物饲料添加剂的饲料。为防止加入药物饲料添加剂的饲料产品在生产过程中发生交叉污染，在生产加入不同药物添加剂的饲料产品时，应对所有的生产设备、工具、容器等进行彻底清理。

3. 制粒

（1）严格控制制粒过程的温度、蒸汽压力。制粒后需要充分冷却，以防止水分过高而引起饲料变质。

（2）更换品种时，应清洗制粒系统，可用少量单一谷物原料清洗。

4. 留样

（1）新进厂的单一饲料、饲料添加剂应保留样品，其留样标签应准确地注明名称、来源、产地、形状、接收日期、接收人等有关信息，保持可追溯性。

（2）加工生产的各个批次的饲料产品均应留样保存，其留样标签应注明饲料产品品种、生产日期、批次、样品采集人。留样应装入密封容器内，贮存于阴凉、干燥的样品室，保留至该批产品保质期满后 3 个月。

5. 标签、包装、贮存和运输

（1）商品饲料应在包装物上附有饲料标签，标签应符合 GB 10648《饲料标签》中的有关规定。

（2）饲料包装应完整，无漏洞，无污染和异味。包装材料应符合 GB/T 16764《配合饲料企业卫生规范》的要求。

（3）饲料的贮存和运输应符合 GB/T 16764《配合饲料企业卫生规范》的要求。

（4）饲料运输工具和装卸场地应定期清洗和消毒。

6. 青绿饲料

青绿饲料富含叶绿素，主要有天然牧草、栽培牧草、叶菜、水生植物等。

（1）青绿饲料不能被农药、肥料、重金属等污染物污染。

（2）饲喂青绿饲料不能含露水、雨水。

（3）青绿饲料必须新鲜，不能腐败、霉变等。

（4）采食后，剩余的青绿饲料要及时清理。

第 五 章

饮水质量管理

饮用水的质量应符合 NY 5027《无公害食品 畜禽饮用水水质》的规定。

一、水线准备

（1）冲洗水线 1 人在机头端打开给水阀门，2 人在机尾端打开排水阀门接水，饮水管里水变清亮时再关闭两端阀门。

（2）调好水线高度 水线高度一致，水线乳头高度和雏鸡眼部平齐。

（3）检查水线乳头 确保每个水线乳头都有水。

（4）调好水压 最好每个水线乳头都悬挂着水珠。

二、水线卫生控制

1. 清洗消毒剂的选择

选择能有效溶解水线中生物膜、黏液、结垢的清洗消毒剂。用碱性化合物或过氧化氢去除有机污物（如细菌、藻类、霉菌等）。用酸性化合物去除无机物（如盐类、钙化物等）。可选择二氯异氰尿酸钠粉（30％有效氯）、6.5％二氧化氯、过氧乙酸、过氧化氢等。

2. 空舍期浸泡清洗水线和管路流程

（1）打开水线，彻底排出管线中的水。

（2）在每个水罐中先加入除垢剂，再加入清水混合均匀（400 g 除垢剂兑 200 kg 水），同时关闭直通水线的阀门。

（3）观察从排水口流出的溶液是否带有泡沫等。

（4）一旦水线充满清洗消毒溶液，关闭阀门，将除垢溶液在管线内保留 24 h。

（5）保留 24 h 后，打开水线后端阀门使用清水冲洗水线。

（6）冲洗 10 min 以后关闭水线后端阀门，再次在每个水罐中加入二氯异氰尿酸钠粉（30％有效氯）或者过氧化氢或过氧乙酸，加入清水混合均匀，同时关闭直通水线的阀门。

（7）打开水线两端阀门，把清水放出，打开水线连接水罐的阀门，按压水线两端的最后一个乳头，能闻到氯的气味时关闭阀门，浸泡消毒 4 h，这将杀灭残留细菌，并进一步去除残留的生物膜。

（8）浸泡消毒完毕后，关闭水罐出水阀门，打开水罐排污阀，将剩余的消毒溶液排出，并打开水罐进水阀门，将水罐冲洗干净，同时关闭水线的调压系统，打开直通水线的阀门，并打开水线末端阀门，将水线中的消毒溶液排出，再用 1～2 块海绵（略大于管道内直径）塞到水罐那头的水管中，然后把水泵的水管连接到塞了海绵的水管上，打开水泵，海绵被冲到地上的同时，管道壁上的脏东西也会被海绵带出，实现对管道的彻底清洗。

（9）从水井到鸡舍的管路也应进行彻底的清洗消毒，最好不要用舍外管路中的水冲洗舍内的管线，应把水管连接到加药器的插管上，反冲舍外的管路。

（10）冲洗用水应含有消毒剂，浓度与鸡只饲养期饮水中的浓度相同，饮水消毒使用二氯异氰尿酸钠粉（余氯有效浓度为 $3\sim5\ \mu g/mL$）。

3. 饲养期浸泡清洗水线操作流程（晚上操作）

（1）在每个水罐中加入二氯异氰尿酸钠粉（30％有效氯）或者 6.5％二氧化氯，加入清水混合均匀，同时关闭直通水线的阀门。

（2）关灯 30 min 或将水线高度调至鸡只无法够到的高度。

（3）打开水线两端阀门，把清水放出，打开水线连接水罐的阀门，按压水线两端的最后一个乳头，能闻到氯的气味时关闭阀门，浸泡消毒 30 min。

（4）关闭水罐出水阀门，打开水罐排污阀，将剩余的消毒溶液排出，并打开水罐进水阀门，将水罐冲洗干净，同时关闭水线的调压系统，打开直通水线的阀门，并打开水线末端阀门，将消毒溶液排出，再用 1～2 个海绵球塞管并冲洗干净（方法如上文所述）。

（5）水线经浸泡消毒和冲洗后，流入的水源必须是新鲜的。

4. 养殖场综合用水卫生

（1）空舍期先将水线和管路安装整理好，使用除垢剂和消毒剂浸泡清洗消毒待用。

（2）鸡舍水路过滤器的两端有两个水压表，一个是进水压表，一个是出水压表。在水通过滤网时，污垢、杂质被滤网吸附，当过滤器出水压力小于进水压力时，就要冲洗滤网中的杂质，如果不经常反冲，影响鸡饮水，杂质就会进入加药器、调压器的乳头内而影响正常工作，乳头的密封结构受阻，就会漏水，因此必要时需处理滤网或更换滤网。

（3）水线吊杯每5 d用消毒液（二氯异氰尿酸钠溶液或者6.5％二氧化氯）擦洗一次。

（4）饮水消毒：每天（鸡只免疫的前后3 d和使用抗生素、电解多维时除外）用自动加药器或者水罐连续饮水消毒不得少于12 h，做饮水消毒的消毒剂为二氯异氰尿酸钠粉或者酸化剂。使用二氯异氰尿酸钠粉消毒的饮用水要求水线末端余氯的浓度为3～5 μg/mL，如果使用氧化还原电位计检查，读数至少应为650 mV。建议育雏第一周使用酸化剂，一周后使用二氯异氰尿酸钠粉进行饮水消毒。

（5）用药期间，每天用药之前使用调压器冲洗一次水线，在每个疗程结束后一定要先浸泡清洗水线。

（6）经常检修水线及乳头，防止漏水、断水，乳头弹簧弹性小、胶垫变性或内有污物的应及时更换或清理。

（7）饲养期每周取水线末端水样（每栋取2～3个样品）检测水质微生物情况，以确保饮用水符合要求。

三、水槽卫生控制

如放养场内有小水沟、山泉，且水量充足，可不考虑饮水问题；否则，应在补饲的同时给鸡补充饮水。

散养鸡水槽位置决定鸡的活动范围：一般鸡的活动范围在以水槽为圆心、500 m为直径的范围内，要想让鸡的活动范围变大，首先要设置足够多的水槽，足够大的范围。

饮水槽在大型养鸡场中已不使用，但许多小型养鸡场和农村养鸡场中仍然使用饮水槽作为供水设备。在养鸡生产中大多使用 U 形和 V 形水槽两种，而鸡采食饲料容易将饲料带入水槽内，实际养殖中水槽内的饲料和异物难以彻底清除，但饲料和异物能加速水的变质，必须彻底清除才能保证饮水清洁、卫生。

对饮水槽的清洗，可用废旧水槽做一个 U 形和 V 形薄片，用胶水将薄片呈 30°坡度粘于水槽两端，也可用水泥、沙子和水混合后，在水槽两端凝结成 30°坡度。在用抹布擦洗水槽时，水槽中的水、饲料和异物很容易由水槽两端坡度滑出，从而使水槽得到彻底清洗。此法擦洗水槽既快又清洁，省时省力。

四、饮水壶卫生控制

饮水壶是养鸡生产中常用的供水设备。尤其是育雏期，许多养鸡场都使用饮水壶供水。长期使用饮水壶，壶体内部有一种很难闻的气味，用手摸有黏性的物质，这是水中的药物、疫苗和水中的杂质聚集存留于壶体内部，长期聚集变质形成的异物。若得不到及时清除，异物污染水质，危害鸡只健康。

在养鸡生产中，许多养殖户只清洗饮水壶底盘和壶体外表，而壶体内部是装水的主要部位，却没有得到彻底清洗。这是因为大多数厂家生产的饮水壶口径太小，手无法进入里面，无法清洗或清洗不彻底。长久以来，壶体内部聚集存留异物，污染水质。在养鸡生产中，饮水壶作为鸡群饮水的载体，与鸡的饮水健康息息相关，壶的底盘、壶体外表和壶体内部都需要彻底清洗，这样才能保证饮水清洁、卫生。

对饮水壶的清洗，首先要选择适合清洗饮水壶的抹布。选择柔软、吸水和清洁率高的抹布。抹布要求棉占 60%、涤纶占 40%。其次找到可用的清洗方法。认真仔细清洗饮水壶的底盘、壶体外表和壶体内部。若饮水壶的口径太小，在清洗壶体内部时，可将拳头大小的抹布团，用水浸湿，放入壶体内部，单手握住壶颈部，将壶体倒立，快速旋转，使抹布团在壶体内部由顶部旋转至壶颈部，这样可以将壶体内部异物清洗干净。在清洗的同时在水中添加消毒剂，清洗效果更佳。

一、引种

引进的种雏鸡应来自通过市以上畜牧主管部门验收并持有《种畜禽生产经营许可证》的父母代种鸡场或专业孵化场。根据林地面积的大小，充分考虑其载禽容量，引进适宜数量的雏鸡，一般按每亩林地每批 200 只为宜。通常在每年春季或夏初季节引进雏鸡，放养期 3～4 个月。

二、基本的卫生要求

1. 采取区域化管理和全进全出的饲养制度

在山坡或者林地中散养蛋鸡，可以根据地形在不同的区域建设育雏舍、育成舍和成鸡舍，不同的养殖区域只能养一个年龄段的鸡，不能混养。不同的区域一定要有间隔，并且用网或者其他隔离物隔离，有利于生物安全防控。

2. 场区内整洁、卫生、无堆积的污染物

场区要每天清扫一次，特别是喂精料场地、饮水区、鸡舍

等重要区域要及时清理，并定期消毒。在场区外建设发酵池，每天将鸡粪和垫料清运到发酵池进行发酵处理。

3. 定期灭鼠、灭蚊

在进鸡前或转群前，在鸡舍内和场区周围投放鼠药，进行灭鼠。夏季是蚊蝇繁殖的季节，不能在场区积水，污水及时排放，饲料里添加低毒驱蚊蝇药物，防止蚊蝇的繁殖。

4. 加强消毒工作

场区的进出口设置消毒池，夏季使用消毒水，冬季用生石灰。场区每周消毒3次；出现空舍后，马上清扫，并全面消毒；空舍进鸡前，同样需要清扫，彻底消毒。饮水线要定期消毒。

5. 运动场内要定期铺垫黄土或沙土

清扫粪便、全面消毒以后，用干净的黄土或沙土进行铺垫。

6. 排水沟

养殖场要建设排水沟，有规划地引导污水流向污水管网，不能污水横流。

7. 禁止混养

禁止将不同品种的禽类养殖在一起，禁止将不同年龄的鸡养殖在一起。

8. 防鸟

鸡舍所有的出入口、前后门、窗户等必须安装防护网，在饲喂区设立活动假人或彩带防止野鸟直接飞入鸡舍，造成鸡蛋、鸡、饲料等的损失，同时切断鸟类传播疫病的途径。

三、雏鸡（从出壳后到45日龄的鸡）的饲养管理

1. 进雏前的准备

（1）制定鸡群的周转计划　根据鸡场的设施配备，确定育雏鸡、育成鸡和产蛋鸡的养殖规模，确定鸡场的养殖存栏数量；再根据所饲养鸡各阶段的饲养周期，逆向推算各阶段鸡的入舍时间、淘汰时间和数量；同时根据市场对禽类产品的需求状况，最终决定进雏的时间和数量。

（2）育雏舍的准备　育雏舍清空后，对舍内进行全面清扫，将粪便运至发酵池发酵处理。先用大剂量的消毒液喷洒育雏舍的地面、墙壁、天花板、设备（电器、易腐蚀设备除外），静置24 h，接着对地面、墙壁、天花板、通风管道、设备等进行彻底清扫，使用高压水枪对水泥地面、设备进行冲洗（冲洗时注意电路）。然后用广谱高浓度消毒液大剂量喷洒墙壁、天花板、设备等，再用2％氢氧化钠溶液泼洒地面，静置24 h；24 h后将残留的氢氧化钠溶液冲洗干净。进雏前，用报纸密封门窗和通风口，将清洗、消毒好的水槽、料槽、铁锹、水桶等育雏所用物品，全部放入雏鸡舍，然后用甲醛溶液熏蒸消毒，熏蒸时间建议不低于48 h。48 h后开窗通风，降低舍内甲醛气味，待气味完全散尽后准备进雏。

（3）试温预热增湿　在进雏前1～2 d，通风换气；调试预热增湿，检查设备是否完备，是否正常运行。温度一般控制在33～35℃，相对湿度控制在65％左右。

（4）饲料和药品　按照饲养品种的营养需求标准，提前一

周左右准备好饲料和相应的药品和疫苗，做好相应的登记后按规定的方式妥善保存备用。

2. 育雏方式

（1）网上平面育雏 将雏鸡养在架起的铁丝网或塑料网上，用拦网将网分割成 1 m² 左右的小单元，3 日龄前网底可用单棉纱布铺垫，优点是不用铺设垫料，减少疾病发生，降低球虫病暴发的概率。

（2）立体育雏 采用 3～5 层叠层式排列，一般底层距离地面 40 cm，每层高 33 cm，两层之间有接粪板，在栅栏外设料槽和水槽。立体育雏有效地提高了育雏舍的利用率。

3. 雏鸡的管理要点

（1）进雏第一周

①饮水。断喙雏鸡第一周的饲养管理应本着"先饮水，后开食"的原则。在雏鸡入舍 1～3 h 让雏鸡饮到干净的水，可以在饮水中添加 5％的葡萄糖、电解多维、维生素 C。

②开口料。开食时间应在第一次饮水 1～2 h 后。喂量应做到少量多次，可以将料放在垫纸上以刺激采食，前两天用开食盘或小料桶饲喂，第 3 天配合料槽使用，第 4 天撤掉开食盘或小料桶。每隔 3 h 喂一次，以后夜间不喂，白天每 4 h 喂 1 次。饲料选择颗粒料，采用"少喂勤添"的饲喂原则。

③温度、湿度、光照。0～3 d 温度控制 33～36℃，4～7 d 30～32℃，第二周开始每周减少 2℃，直到 21℃，相对湿度 65％。为使鸡熟悉环境和学会觅食，采用强光照，0～7 d 采用明亮光照 30～50 lx（即 30～50 W 日光灯发出的光亮），

0～3 d 采用 22 h 光照，4～7 d 采用 21 h 光照。红色光能有效地防止啄癖，建议雏鸡舍内灯泡的设置应是日光灯与红色灯泡间杂进行。

（2）第二周　孵化场没有断喙的雏鸡在 7～10 日龄断喙，此时期重点工作为调整饮水管高度，乳头高度与雏鸡头顶持平；饲料的厚度要适宜，不可太薄，以免雏鸡的喙直接与料槽接触；光照强度控制在 25 lx 左右。13 日龄左右撤掉垫网。

断喙的具体操作：操作人员戴上隔热手套，首先把断喙器摆正并接通电源，然后根据个人习惯调整座位高度，待断喙器刀片呈明亮的橙黄色时，左手将鸡的两腿后伸，右手抓鸡，右手拇指放在鸡头，右手食指第二关节放于鸡的咽下，其余三指放在鸡的胸部下方，拇指和食指稍微施压，使鸡舌回缩，上下喙闭合，将喙插入断喙孔中，在距离鼻孔 2 mm 处切断，恰好断去上喙的 1/2，下喙的 1/3。切后迅速烧烙 1～2 s 止血。

（3）第三周　如果是出壳断喙的鸡，第三周是喙的脱落高峰期，雏鸡的喙基本脱落完全，所以 3 周龄主要考虑技术分群，避免拥挤，及时挑选弱小鸡只，单独加强管理，减少饲养密度，注意预防支原体病等疾病。光照强度适当下降至 20 lx 左右。

（4）雏鸡的称重　在雏鸡开水开料前进行一次体重抽检，一般要求抽检数量不少于总体数量的 1%。以后每周龄的最后一天下午 2：00 以后空腹称重，并计算整体均匀度，同时测量胫骨长度，称量结果与标准体重进行对比，根据结果调整饲料配方。一般需要将均匀度控制在 85% 左右为宜。

（5）雏鸡培育光照、温度和湿度要求　参见表 1。

表1 雏鸡培育光照、温度和湿度要求

时段	温度	相对湿度	光照时间
进雏前1～2 d	29℃	65%	—
1日龄	35～36℃	65%	24 h
2日龄	34℃	65%	23 h
3日龄	33℃	65%	22 h
7日龄	31℃	65%	21 h
2周龄	29～31℃	60%	19 h
3周龄	27～29℃	50%～60%	17 h
4周龄	23～26℃	50%～60%	15 h
5周龄	21～23℃	50%～60%	13 h
6周龄	21℃	50%～60%	11 h

四、育成鸡（46～105日龄）的饲养管理

1. 放养前的准备工作

（1）放养场地的准备　在饲养每一批鸡时，都要提前将放养场地进行全面的清扫，彻底的消毒，并且将场地用干净的黄土或沙土进行铺垫。

（2）育成舍的准备　育成舍的面积不要太大，一般每栋需要养300～500只育成鸡或200～300只产蛋鸡，舍内地面要用水泥硬化，窗户和通风孔要加装铁丝网，防止鸟和老鼠进入，舍内要设置栖架。

（3）确定放养日龄　雏鸡脱温后，就可以到室外放养，一般初始放养日龄为30日龄。放养日龄要根据雏鸡的发育情况、季节因素、当地的气候情况等综合考虑，尤其是外界的环境温度。

2. 鸡的适应性训练

（1）温度训练　随着雏鸡日龄的增加，鸡的体温调节能力逐步成熟，当舍内昼夜温度达到 21℃ 以上，就可以脱温。降温要求缓慢，脱温后遇到降温仍需适当给温。经过一周左右的训练，当鸡适应自然温度时，就可以脱温了。脱温后，放养前的 7～10 d，每天上午 10：00 到下午 3：00 将鸡舍的窗户打开，训练鸡只适应外界温度，而后逐渐变成早上开窗、晚上关窗，让鸡适应外界温度。

（2）采食训练　在放养前的 1～3 周，在饲料里添加青绿饲料，让鸡适应采食青绿饲料。放养前青绿饲料的采食量占比达到 50%。在喂食时，要训练条件反射的建立，通过吹口哨或者敲击金属来建立采食反射。

（3）应激预防　在放养前后 2 周内，饲料里添加抗应激产品，如维生素 C、电解多维、黄芪多糖等。

3. 分群

（1）公母分群　育雏期公鸡、母鸡的生长速度和饲料利用率不同，公鸡有好斗、抢食的特性，所以要将公母鸡分开饲养。大多数鸡在 50～60 日龄可以区分公母，可进行分群处理。

（2）个体差异大的鸡分开　公母鸡分开后，发育良好、体重较大的分在一起，发育较慢的分在一起，挑出病鸡单独饲养。同一批鸡分到同一个小群。

（3）合理的群体　当散养的数量较大时，通常需要将鸡群分成小群饲养。200～400 只/群的小群适宜饲养在通风向阳的林地或者水源充足的灌木丛，鸡群可自由采食；大群饲养最大不超过 1 500 只/群，适宜饲养在空旷清净的山地或果林。定期观察鸡群的生长情况，对体重较大的鸡群限制饲喂，对体重偏轻的鸡群进行补饲。限饲可降低精料饲喂量，增加青绿饲料供给。

4. 转群

（1）转群时间的选择　从育雏舍转移到育成舍，最好在天气晴朗、无风、温暖的夜间进行，因为晚上鸡对外界的反应力和行动力下降，可以避免抓鸡时产生的应激。到达放养的鸡舍后的 7～10 d 时不要过早放鸡，等到上午 10：00 以后，阳光充分，温度升高后再将鸡放到室外，下午 3：00 前收鸡。

（2）转群过渡期的饲喂　放养的第一周，在放养区设置料槽，使鸡在采食青绿饲料的同时，又能吃到配合饲料，让鸡的消化系统逐渐适应。放养前 5 d 仍使用雏鸡后期料，按正常饲喂量给料，每日饲喂 3 次。6～10 d 饲料配方和饲喂量逐渐调整，开始逐渐限饲。10 d 以后根据放养地的饲料资源情况，提供配合饲料，饲料量为舍饲的 30%～50%，一般日喂 1～2 次。

5. 调教

（1）采食和饮水的调教　在调教前，让鸡群有饥饿感，开始喂料前，可以吹口哨或敲击金属或播放音乐，喂料动作尽量让鸡看到，以便产生听觉和视觉的双重条件反射。每次喂料重复相同的动作和同样的声音，3～5 d 就能建立条件反射。

（2）归巢调教　傍晚归巢时，若有部分鸡不能按时归巢，应该在傍晚前进行查看，如果发现有鸡在舍外过夜，将其抓回，并将其鸡窝破坏。多次检查纠正，鸡群就能按时归巢。

（3）栖架调教　夜晚，有个别鸡不在栖架上过夜，晚上需要人为地将卧地鸡抓上栖架。抓鸡时，不能开灯，用手电筒照着捉鸡上架并排好位置，连续几天的调教，鸡群就会自动上架。

6. 饲料供给

（1）饲料结构　母鸡和不做童子鸡出售的公鸡，饲喂育成鸡的全价日粮。做童子鸡的公鸡喂以原粮和原粮的副产品，辅以青绿多汁饲料或优质牧草颗粒，提高童子鸡肉质。育成期的鸡应该定期称重，根据体重结果调整饲料营养成分的比例和饲料供应量，结合光照的控制，使散养蛋鸡在 130 日龄时体成熟和性成熟同步完成。育成鸡在 70～84 日龄性腺开始发育，高蛋白的日粮能够促进性腺发育，使蛋鸡提前开产，延长蛋鸡产蛋期。因此，育成期要控制饲料中蛋白含量。一般育成鸡饲料蛋白含量为 14％～15％。

（2）饲喂和饮水

①计算育成鸡每天供给的饲料总量，上午和下午两次供给，下午饲喂量略多于上午。饲喂要有充足的料槽，保证 80％以上的鸡能够同时采食到饲料，并且使鸡群每次都能把饲料采食干净，始终让鸡保持旺盛的食欲。在特殊的情况下（如雨雪、大风、冰雹等不良天气），停止放养，在鸡舍内饲喂。

②饲喂要固定特殊的区域，饲喂区域可以用塑料网围起来，在喂料的时候才能开放。青绿饲料的补饲应该在运动场地进行，补饲地利于清扫和消毒，也可将青绿饲料悬挂补饲。

③补充沙砾，运动场周边设置沙砾料槽，沙砾大小 4～6 mm，供鸡自由采食。

④保证饮水的清洁，饮水器要固定位置，避免阳光直射，饮水器可使用 5～10 L 的，每个饮水器可供 50 只左右的鸡饮水，根据鸡的数量，放置足够的饮水器。

7. 光照

在 4 月 1 日至 9 月 15 日出壳的雏鸡，育成期间采用自然光照。在 9 月 16 日至翌年 3 月 31 日出壳的鸡，育成期间的光照选择日照最长的一天，整个育成期都按这个日照时间恒定给予光照。

8. 诱虫

在散养蛋鸡的养殖中常使用诱虫灯引诱昆虫，供鸡捕食。

五、产蛋鸡的饲养管理

（一）开产前的管理

（1）散养蛋鸡开产前的饲料中除了满足蛋白质和能量需求以外，日粮中要增加钙的含量，通过在饲料中添加石粉、磷酸氢钙等，使饲料中钙的含量达 2%。

（2）产蛋箱要提前安放，对使用过的产蛋箱要彻底消毒。合格的产蛋箱：一是让鸡安全；二是空间足够，让鸡舒适；三是光线要暗；四是放置位置要安静；五是便于后部取蛋；六是数量充足。

（3）禁止鸡只在产蛋箱过夜，发现后，立刻纠正。

（4）开产前几天关闭鸡舍，禁止待产母鸡进入舍外区域，防止鸡群养成在舍外下蛋的习惯。另外，开产前饲养人员要在鸡舍内经常走动，驱赶鸡舍较暗的墙边、角落、台阶边、棚架边趴卧的鸡，让鸡产生在这些地方不安全的感觉，促使鸡群在产蛋位产蛋。

（二）产蛋期的管理

1. 产蛋期的饲料管理

（1）产蛋期的饲料构成　产蛋期蛋鸡的饲料要求营养丰富，要有足够的蛋白质、能量、各种矿物质、多种维生素等。饲料分两部分组成：80％的精饲料，20％的青绿饲料。

（2）产蛋前期饲料要求　散养蛋鸡在 130～180 日龄的产蛋初期，当鸡的产蛋率达 5％时，将饲料中钙的比例调整到2％，一个月后提高到 3％，伴随钙的提高，饲料中蛋白质也逐渐提高，180 日龄时蛋白质要达到 16％。

（3）产蛋高峰饲料营养要求　180～360 日龄是散养蛋鸡的产蛋高峰，饲料中蛋白质的比例应达到 17％，钙的比例达到 3％。

（4）产蛋后期　360 日龄至淘汰，根据产蛋率情况，适当降低蛋白质和能量的含量，提高饲料中钙的含量使其达到3.7％～4％，并对鸡只限饲，饲喂量是产蛋高峰时的90％～95％。

2. 产蛋鸡的光照管理

产蛋鸡的光照时间不能少于育成鸡，不能降低光照强度、日照时长，每天补充光照时间总和应该在 15～16 h，并且关灯的时间要固定。光照强度为 10 lx。

3. 鉴别不产蛋鸡

眼观：不产蛋鸡离群呆立，精神不振，被毛粗乱，鸡冠萎缩、苍白或发绀等。饲喂时，不主动抢食，在墙角或运动场边缘不愿运动，反应迟缓。通过观察将有上述表现的鸡挑选出来，进行触摸鉴别。

触摸鉴别：将鸡的两只腿抓住，用手测量鸡耻骨间的距离，大于2.5个手指具备产蛋能力，反之不产蛋。同时触摸鸡的腹部，腹部柔软有弹性为产蛋鸡，腹部大且硬，为不产蛋或少产蛋鸡。

4. 鸡蛋的收集

散养蛋鸡的产蛋时间集中在上午，9：00—10：00 产蛋最多，12：00 后产蛋较少。鸡蛋收集越早越好，上午可捡蛋 1～2 次，下午捡蛋 1 次。

捡蛋前先用 0.01％ 的新洁尔灭洗手消毒，将正常鸡蛋和异常鸡蛋分开放置，将蛋壳脏的鸡蛋用毛巾擦干净，用 0.1％ 的百毒杀消毒后存放。

5. 抱窝催醒

（1）物理催醒

①冷水洗：把抱窝母鸡放入冷水中反复冲洗，使其羽毛淋湿，每天 1 次，连洗 5 d 左右，大部分抱窝母鸡能够醒抱。

②拴系倒挂：拴住母鸡双脚，悬挂于鸡笼旁。醒抱过程较长，使母鸡产生应激，达到醒抱目的。

③可在鸡尾顶端上方距尾尖 3 cm 的尾脂腺小凸起处，用消毒过的剪刀剪去一小点，涂上食盐；也可用消毒的针垂直针刺尾尖上方距尾尖 3 cm 小凸起处的尾脂穴，至针刺不进为止，并左右捻转数次，白天留针，傍晚出针，放回鸡群，连用 2 d 见效。

（2）药物催醒

①每只鸡注射丙酸睾酮丸素 5～10 mg，2～3 天醒抱。丙

酸睾酮丸素能迅速拮抗催乳素。

②每只抱窝鸡注射 20％硫酸铜 1 mL，减少抱窝时间。

③每只鸡注射三合激素 1 mL，一般 1～2 d 复产。

④口服异烟肼：第一天口服 80 mg/kg 异烟肼，第二天没醒抱的鸡口服 50 mg/kg，如果还有没有醒抱的，第三天口服 50 mg/kg。一般这种方法可完全消除抱窝现象。

6. 换羽

母鸡经过一个产蛋周期（约 70 周）后，会出现自然换羽现象，换羽期间停止产蛋。母鸡换羽大概需要 4 个月时间，如果打算继续饲养，可以采取人工强制换羽。

（1）蛋鸡强制换羽准备

①换羽时节把控 首先要选好适宜蛋鸡换羽的时节，一般选择在夏末或秋初（或在一个产蛋周期后），在蛋鸡刚出现自然换羽时开始。不宜在炎热的夏季和寒冷的冬季对鸡群进行强制换羽，酷暑和严寒影响换羽工作的正常进行。

②鸡群调整筛选 在进行强制换羽工作前，对鸡群进行调整、筛选，这个环节非常重要，它会影响鸡群的成活率（强制换羽，对蛋鸡来说是强应激，会增加死亡率）及产能高低。及时淘汰掉过肥、过瘦、病弱、残次、产蛋率低的鸡只，把已经换羽的鸡只也要挑选出来。

③增强抗病能力 强制换羽使蛋鸡产生强烈的应激反应，从而造成鸡只自身免疫能力下降，抗病能力弱，鸡群易感染细菌或病毒，导致大面积伤亡。为增强蛋鸡强制换羽期间的免疫力，提高抗病能力，可在强制换羽前 3～4 周接种新城疫等疫苗，换羽前 10 d 驱虫一次，并用上一个疗程的抗菌药物。

④测定鸡群均重 随机抽取全群 10％的鸡只称重，取其

平均体重作为鸡只的标准体重。

（2）蛋鸡强制换羽操作

①控食控水　清空食槽中的饲料，停料 7～10 d（具体停料时间可根据鸡群健康状态、鸡只死亡率及体重变化进行调整，以鸡群的平均体重减轻 25％～30％、总死亡率不超过 3％ 为宜）。停料期间蛋鸡还会有产蛋情况，为维持蛋壳质量可饲喂贝壳碎粒，禁食期间可按每只鸡 20 g 的量来添加。停 2 d 水后间歇性供水至自由饮用。

②控制光照　强制换羽前 21 d 就进行光照控制，将光照突然降为 8 h，恢复喂食后，每周逐渐增加光照 1～2 h，直至每天光照达到 15～16 h。

③停食结束后，第一天平均每只鸡饲喂含 18％ 粗蛋白的产蛋日粮 18 g，以后每天增加 18 g，直至增加到自由采食。

（3）蛋鸡强制换羽注意事项

①做好饲养管理　在强制换羽期间要做好饲养管理，勤打扫鸡舍，及时清除粪便，做好鸡舍内的通风换气，保障鸡舍空气清新。强制换羽期间，鸡舍温度控制在 15～20℃ 为宜，鸡舍内温度切不可忽高忽低，另外，在寒冷季节要做好鸡群的保暖工作。

②如果在断料期间，蛋鸡死亡率超过 5％，要及时给料；如果在断水期间，蛋鸡死亡率超过 5％，要及时供水。

③夏季天气炎热，断水时间不可过久；冬季天气寒冷，蛋鸡断料时间不可过久，否则会造成过高的死亡率。

④应选择产蛋鸡产蛋率低于 50％ 时进行强制换羽，这样做可最大程度提高蛋鸡群的产蛋能力。

第 七 章　生物安全体系构建

　　蛋鸡场的生物安全体系就是要解决疾病传播的三个要素：传染源、传播途径、易感动物。具体地说就是在鸡场建设、环境控制、饲养管理、卫生消毒、免疫接种、药物预防等各个环节，切断病原微生物与蛋鸡的接触，防止鸡群受到疫病的危害，这是最经济、最有效的疫病控制方法之一。

　　根据病原在传播过程中的重要程度，疾病传播途径按其感染概率从大到小的顺序可分为 5 种，分别是鸡与鸡之间的传播、人与鸡之间的传播、物品与鸡之间的传播、空气与鸡之间的传播及动物与鸡之间的传播。切断这 5 种疾病传播途径，将有利于减少病原传入场区及在场区内传播、扩散的概率，降低鸡群疾病发生的风险，切实落实生物安全体系工作。

一、阻断鸡与鸡之间的传播

　　阻断鸡与鸡之间病原微生物的传播主要有 3 个关键点，即保持养殖鸡群的纯净、切断鸡与鸡之间的横向传播和纵向传播。

1. 阻断场外禽与本场鸡的接触，保持养殖鸡群的纯净

　　场内不得私自养殖其他禽类，工作人员不得从场外购置活

禽、禽类产品等；养殖场设置隔离区，防止场外禽类进入场区；淘汰鸡只时，装有场外鸡只的运输车不得进入，并且对运输车辆严格消毒。

2. 切断鸡群之间的横向传播

要切断横向传播首先要防止本鸡舍的鸡跑入场外未消杀区域，同时也要避免不同鸡舍的鸡交叉活动。在日常饲养中还需对鸡只进行健康检测，一旦发现鸡只出现异常的病理状况，需要立即对病鸡采取隔离防护措施。

3. 切断鸡群之间的纵向传播

一方面杜绝不同日龄的鸡交叉活动；另一方面严格采取"全进全出"的养殖管理模式，栏内鸡群体淘汰后到新群体转入之前是鸡舍的"空舍期"，目前公认的蛋鸡空舍期至少为 15 d，规模化鸡场的空舍期大多控制到 30 d，空舍期需要对鸡舍进行全面彻底的打扫，并采取"移、扫、冲、烧、消、干、喷、熏"的空舍八步流程，有效切断疫病的纵向传播。

二、阻断人与鸡之间的传播

阻断人与鸡之间的传播主要是严管人员的出入。场区活动人员必须遵守一、二、三级防控体系管控。

1. 三级防控管控

三级防控是指进入养殖场管理区、生活区的人员的防疫管控。工作人员进入场区必须经过铺有消毒液的消毒垫对鞋底进行消毒，然后进入消毒室进行 1～3 min 的喷雾消毒或紫外线杀菌处理，进入换鞋间更换三级防疫鞋。入场车辆要经过装有没过车轮轮胎的消毒水的消毒池，全车（包括底盘）再经过喷淋消毒液喷淋 1～3 min，方可进入。

2. 二级防控管控

二级防控是指经过三级管控管理后，对从生活区或管理区进入生产区的人员管控。员工进入二级防疫区要先洗澡更换二级防疫服（鞋），浴室需配置内外更衣室，以便个人衣物和防疫服（鞋）的隔离。清粪人员需配置专门的浴室、内外更衣间和洗衣机，每天单独清洗清粪专用服（鞋）。另外，转群前一天需要将转群服装清洗、晾干后放入浴室，转群人员在浴室更换转群服装，转群结束后对转群服装进行统一回收清洗。人员流动方面，管理、维修、免疫人员等每天只能进入一个场区，进入下一个场区则需隔离 2 d 以上。

3. 一级防控管控

一级防控是指对人员进入鸡舍的管控。饲养员进入一级防疫区需更换舍内专用一级防疫服（鞋）；一级防疫服（鞋）各栋单独进行清洗，下班前将更换后的防疫服（鞋）放入消毒柜高温消毒，每周至少清洗 2 次。鸡群免疫时，免疫人员进入鸡舍要更换消毒后的一级防疫服（鞋），并且一天只允许进入一栋鸡舍进行免疫。维修、电工及管理人员进入则必须更换各栋鸡舍公用的消毒的一级防疫服（鞋）。

三、阻断物与鸡之间的传播

1. 鸡用物品的管控

（1）鸡笼入舍之前需要经过浸泡消毒才可投入使用。

（2）输精器械每次使用前必须清洗、消毒、烘干，确保 1 只鸡 1 个滴头。

（3）免疫器械清洗消毒后需校准剂量。

（4）饮水管线需每周清洗、消毒 1 次，并定期进行微生物检测。

（5）饲料需确保料塔密闭，四周无余料及料渣。

（6）料车与蛋车需严格消毒，限制司机活动范围。

（7）药品进入鸡舍前先用消毒液消毒，拆除外包装后，再消毒，进入鸡舍。各种包装需消毒后统一放置于固定位置，利于回收。

2. 人用物品的管控

劳保用品需统一集中熏蒸消毒后带入生产区；手机、钥匙等经消毒后方可带入鸡舍，但只能随身携带，使用时必须到休息室或离开鸡舍。其他物品、食品一律不能带入鸡舍。

3. 设备物资的管控

舍内工具不窜栋使用，维修零件、流动物品等进入栋舍前必须经过熏蒸或喷洒消毒。舍内、舍外的蛋框需要严格区分，不可混用。

四、阻断空气与鸡之间的传播

1. 通风换气

密闭式鸡舍一般采取负压机械通风。一是要保持入风口周围的空气新鲜；二是要保持适当的通风量，协调好通风和保温之间的关系；三是鸡舍进风口周围保持干净卫生，每天清扫、消毒两次。

2. 空气消毒

一是空栏消毒，彻底清理上一批次鸡群残留的羽屑、尘土、鸡粪等，彻底清理上一批人员的衣物、用品等，然后用消毒液进行消毒。进鸡前一周再用消毒液对鸡舍进行消毒，进鸡前3d进行熏蒸消毒。二是带鸡消毒，每周使用不同的刺激性小的消毒液对舍内环境进行喷洒消毒一次。如果鸡群出现不稳定情况，根据病因，使用不同的消毒液进行带鸡消毒。

五、阻断动物与鸡之间的传播

1. 防止场外动物的进入

一是场区的防护围墙要完整，没有缺口，下水道出口要有防护网保护，防止场外动物的进入；二是场区不能栽种大的树木，避免野鸟栖息。

2. 做好场区内动物管控

养殖场区禁止养殖其他动物，特别是其他禽类、猫等。定期灭鼠、灭蚊蝇等。

3. 做好养殖舍动物的管控

（1）养殖舍的通风通道，要设置防护网，防止鸟进入。

（2）养殖舍门口、排污口要设置挡鼠板，防止老鼠进入。

（3）定期驱蚊蝇。

六、常用消毒剂

1. 氯制剂类消毒剂

氯制剂类消毒剂可以通过产生次氯酸来杀灭病原微生物。次氯酸分子透过细胞膜进入菌体，通过氧化菌体蛋白来消灭细菌。主要品种有次氯酸钠、次氯酸钙、二氯异氰尿酸钠、三氯异氰尿酸钠、月苄三甲氯铵、84 消毒液等。鸡舍内的熏蒸消毒选择三氯异氰尿酸钠，饮水消毒选择二氧化氯或次氯酸钠。该类消毒剂的缺点是味道过大，饮水消毒影响鸡的饮水量。

2. 碘类消毒剂

碘制剂的消毒能力强大，可以杀灭细菌芽孢、病毒、霉菌。碘制剂通过氧化病原体蛋白，使其失活，达到杀灭病原体的作用。鸡场常用的消毒剂为聚维酮碘。

3. 过氧化物类消毒剂

过氧化物类消毒剂通过其强大的氧化能力来杀灭病原微生物，可杀灭细菌芽孢、病毒、霉菌等。鸡场常用过氧乙酸、过氧化氢。主要用于鸡舍、用具、衣物、水线的消毒。缺点是不稳定，有腐蚀性。

4. 碱类消毒剂

碱制剂对细菌和病毒的杀灭能力都很强，且无臭无味。鸡场常用的消毒剂有生石灰、氢氧化钠（苛性碱、火碱、烧碱）。主要用于场地消毒。缺点是腐蚀性强。

5. 季铵盐类消毒剂

季铵盐类消毒剂是一种表面活性剂，通过破坏细菌的细胞膜，影响膜的通透性起到杀菌作用。常用消毒剂有新洁尔灭、苯扎溴铵等。主要用于环境消毒、带鸡消毒等。

6. 醛类消毒剂

醛制剂作用于病原微生物的蛋白，使蛋白失活，从而杀灭病原微生物。鸡场常用的消毒液有甲醛、戊二醛等。其中戊二醛属于高效、广谱、腐蚀性小的消毒液，可以用于鸡舍环境、器具的消毒，也可用于带鸡消毒。

7. 酚类消毒剂

酚类消毒剂通过损坏细菌的细胞膜起到杀菌作用。鸡场常用的有苯酚（石炭酸），主要用于器具、排泄物的消毒。

8. 胍类消毒剂

胍类消毒剂通过损坏细菌的细胞膜、抑制细菌的代谢酶、凝聚细胞质等起到杀菌作用。常用的有氯己定及其衍生物、聚六亚甲基胍及其衍生物。

七、消毒方法及消毒剂的选用原则

（1）应使用符合《中华人民共和国兽药典（2020年版）》（一部）要求，并经国家卫生健康委员会或农业农村部批准生产、具有生产文号和标注生产厂家的消毒液，严格按照说明在规定范围内使用。

（2）应选择广谱、高效、杀菌作用强、刺激性低，对设备不会造成损坏，对人和动物安全，低残留、低毒性、低体内蓄积的消毒液。

（3）稀释药物用水符合消毒剂特性要求，应使用含杂质较少的深井水，放置数小时的自来水或白开水，避免使用硬水；应根据气候变化，按产品说明要求调整水温至适宜温度。

（4）稀释好的消毒液不宜久存，应现配现用。需活化的消毒剂，应严格按照消毒剂使用说明进行活化和使用。

（5）用强酸、强碱及强氧化剂类消毒剂消毒过的鸡舍，应用清水冲刷后再进鸡，防止灼伤鸡只。

（6）预防微生物耐药性的产生，各种不同类型的消毒剂宜交替使用。

（7）带鸡消毒时宜选对皮肤、黏膜无腐蚀、无毒性的消毒剂。

（8）所有鸡舍在鸡转入前应彻底清洗、消毒完毕后，至少空置两周。

（9）制定严格的消毒制度，定期检测消毒效果。

八、鸡场消毒的规范化

1. 人员消毒

（1）养鸡场生产区入口应设消毒间或淋浴间。消毒间地面设置与门同宽的消毒池（垫），上方设置喷雾消毒装置。喷雾消毒剂可选用0.1%～0.2%的过氧乙酸（应符合GB 26371的规定）或者800～1 200 mg/L的季铵盐消毒液（应符合GB 26369的规定）。消毒池的消毒剂可选择2%～4%氢氧化钠溶液或0.2%～0.3%过氧乙酸溶液，至少每3天更换一次。

（2）生产区的入口处应该建有淋浴室和更衣室。人员进入生产区应经过消毒间，更换上经过消毒过的工作服并洗手后，经消毒池对鞋底消毒3～5 min，再经喷雾消毒3～5 min，方可进入。或经淋浴、更换场区工作鞋服（衣、裤、鞋、帽等）后进入。

（3）每栋鸡舍的进出口应设消毒池（垫）和洗手池、消毒盆。消毒池的消毒剂可选择2%～4%氢氧化钠溶液或0.2%～0.3%过氧乙酸溶液，至少每3天更换一次。消毒盆里的消毒液可选择400～1 200 mg/L的季铵盐消毒液、2～45 g/L的胍类消毒液（应符合GB 26367《胍类消毒剂卫生要求》的规定）或0.2%过氧乙酸溶液。工作人员进出，可将手和裸露的胳膊浸泡在消毒水中3～5 min。

（4）生产人员进出栋舍，需穿长筒靴在消毒池（垫）内站3～5 min。

（5）使用过的工作服和鞋子可选用季铵盐、碱类、0.2%～0.3%过氧乙酸或有效氯含量250～500 mg/L的含氯消毒液浸泡30 min。然后水洗；或用15%过氧乙酸7～10 mL/m³

熏蒸消毒 1～2 h；也可煮沸 30 min，或流通蒸汽消毒 30 min。

2. 运输工具消毒

（1）进出养殖区的车辆应在远离养殖区至少 50 m 外的区域实施清洁消毒。

（2）用高压水枪等，清除车身、车轮、挡泥板等暴露处的泥、草等污物。

（3）清空驾驶室、擦拭干净，再用干净布浸消毒液后消毒车内地板和地垫、脚踏板等。车内密闭空间，可用 15% 过氧乙酸 7～10 mL/m³ 熏蒸消毒 1 h 或用 0.2% 过氧乙酸溶液喷雾消毒 1 h。

（4）所有从驾驶室拿出来的物品都应先清理，再用季铵盐、碱类、0.2%～0.3% 过氧乙酸或含 250～500 mg/L 有效氯的含氯消毒液浸泡 30 min 消毒，然后冲洗干净。

（5）养殖场的大门口应设置与门同宽的自动化喷雾消毒装置，对进出车辆的车身和底盘进行喷雾消毒，消毒液可选择含有效氯 1 000 mg/L 的含氯消毒液，0.1% 新洁尔灭、0.03%～0.06% 癸甲溴铵或 0.3%～0.5% 过氧乙酸或 3%～5% 来苏尔溶液，每周至少更换 3 次。车辆进入养殖场应经消毒池缓慢驶入。消毒后，用高压水枪将消毒剂冲洗干净。

（6）养殖场办公区也应设与门同宽、长 4 m 以上、深 0.3～0.4 m 防渗硬质水泥结构的消毒池；池顶修遮雨棚。消毒液可选用 2%～4% 氢氧化钠溶液或 3%～5% 来苏尔溶液，每周至少更换 3 次。车辆进入时也应经消毒池缓慢驶入。消毒后，用高压水枪将消毒剂冲洗干净。

3. 场区道路和环境的消毒

（1）场区道路清洁　应每天清扫场区道路，硬化路面应定期用高压水枪清洗，保持道路的清洁卫生。

（2）道路和环境消毒　每周用 10％漂白粉液、0.3％～0.5％过氧乙酸或 2％～4％氢氧化钠溶液彻底喷洒，用药量为300～400 mL/m²。

（3）场内污水池、排粪坑、下水道出口，定期清理干净，用高压水枪冲洗，至少每月用漂白粉消毒 1 次。

（4）被病鸡的排泄物、分泌物污染的地面土壤，应先对表层地面清理，与粪便、垃圾集中发酵或焚烧处理；用消毒液对地面喷洒消毒，可选用 5％～10％漂白粉澄清液、2％～4％氢氧化钠溶液、4％福尔马林溶液、10％硫酸苯酚合剂，用药量1 L/m²；或撒漂白粉 0.5～2.5 kg/m²。

4. 空鸡舍的清洁和消毒

（1）干扫

①清除地面和裂缝中的有机物，铲除地面上的结块粪便、饲料等。

②彻底清洁饲料传送带、饲料储存器、料槽、饮水器、运输设备、灯具、风扇等设备。

③将不能清洗的设备拆除转移。

④将清扫的废弃物运至无害化处理场进行处理。

（2）湿扫

①用清洁剂对鸡舍进行湿扫，清除干扫清理中残留的粪便和其他污物。清洁剂应该能与随后使用的消毒剂配伍。按照浸泡、洗涤、漂洗和干燥四个步骤进行。首先用清洁剂浸泡；然后用加洗衣粉的热水按照从后往前，先房顶、再墙壁、后地面的顺序喷洒清洗；水泥地面用清洁剂浸润 3 h 以上。最后用低压水枪冲洗。

②清洁时确保清洁剂深入墙壁连接点及缝隙处。

③湿扫清洁严禁带电作业，清洁时做好电力设备的防水处理。

④鸡舍的墙壁、天花板、风扇及叶片最好使用泡沫消毒剂，浸泡 30 min，然后自上而下用水冲洗。

⑤清理通风和供热装置内部，注意电线、灯管的表面清理。

⑥检查清洁后的鸡舍及设备，合格后，关闭并干燥房舍。

（3）空鸡舍的消毒

①新建鸡舍 首先对鸡舍的设备、墙面、地面进行清洁；而后用 2％～4％氢氧化钠或 0.2％～0.3％过氧乙酸溶液进行全面消毒，没有可燃物的鸡舍，可以用火焰枪对地面和墙壁进行火焰消毒。

②排空鸡舍 鸡舍经过清洁干燥后，可选用 3％～5％氢氧化钠或 0.2％～0.3％过氧乙酸溶液、含 1 000～2 000 mg/L 有效氯的含氯消毒剂或 500～1 000 mg/L 二溴海因溶液喷洒房顶、墙壁、门窗、设备、用具、地面等 2～3 次。消毒剂用量：泥土墙壁用量 150～300 mL/m²；水泥墙、板墙用量为 100 mL/m²；地面用量 200～300 mL/m²。消毒时长不低于 1 h。

③不宜水洗的设备 可用 250～300 mg/L 含氯消毒剂或 0.5％新洁尔灭擦拭。

④清扫时移出的设备和用具 可放入 3％～5％的福尔马林溶液或氢氧化钠溶液中浸泡，或者用 3％～5％氢氧化钠溶液喷洒消毒，2～3 h 后用清水冲洗。

⑤熏蒸消毒 能够密封的鸡舍，可以将清洁后的设备和用具移入舍内，熏蒸消毒。将熏蒸桶均匀放置在鸡舍内（每 50 m³ 1 个桶），使用戊二醛加甘油，用弥雾机熏蒸消毒，密闭

24 h。熏蒸时舍内相对湿度要保持在60%。熏蒸后，保持鸡舍密闭24 h。注意：熏蒸过程保持门窗紧闭，漏风口必须堵死，确保不漏风。其他熏蒸种类还有甲醛熏蒸消毒、点燃二氯异氰尿酸钠消毒。

5. 饲喂用具设备的消毒

（1）饲喂用具每周至少洗刷消毒一次，炎热季节增加次数。消毒剂可选用0.01%～0.05%新洁尔灭、0.01%～0.05%过氧乙酸等喷洒或擦拭消毒，消毒后用清水冲洗干净。

（2）拌料用具和饲喂工作服可每天紫外线照射消毒一次，每次照射20～30 min。

6. 垫料消毒

（1）可将垫料放在烈日下，暴晒2～3 h，少量的垫料可用紫外线灯照射1～2 h。

（2）在进鸡前3 d，对垫料进行消毒，消毒液可选10%癸甲溴铵溶液、0.2%过氧乙酸溶液或0.1%新洁尔灭溶液。

（3）污染的垫料可与粪便堆积进行生物热消毒，或喷洒含10 000 mg/L有效氯的含氯消毒液，60 min后深埋。

7. 粪尿、 污水处理消毒

（1）堆粪生物热发酵消毒法

①选择在距离养殖场100～200 m外的地方挖宽3 m、两侧深25 cm、向中间稍微倾斜的浅坑，坑底用黏土夯实，长度根据粪便量确定。

②坑底铺一层25 cm厚的干草，然后将粪便堆积在干草上，粪便可掺10%的稻草。用树枝或小木棍横架在坑上，保

持空气流通。

③粪堆高 1.5 m 左右，粪堆表面覆盖 10 cm 厚的稻草，在外边封盖 10 cm 厚的泥土，根据季节不同，堆放 3～10 周。

（2）发酵池生物热消毒法

①选择距离养殖场、居民区、河流、水源地 200 m 以外的地方建设发酵池。

②先在发酵池底部堆积一层干草或秸秆，然后在上方堆积粪便，快满时，在粪堆表面覆盖 10 cm 厚的稻草，在外边封盖 10 cm 厚的泥土，根据季节情况，发酵 1～3 个月。

（3）污水处理消毒　先将污水处理池出水管关闭，将污水引入污水池，加入消毒剂进行消毒。将含 80～100 mg/L 有效氯的含氯消毒液投入污水中，搅拌均匀，作用 1～1.5 h。检查余氯为 4～6 mg/L 时，即可排放。

8. 兽医器械及用品消毒

（1）兽医诊室保持干净卫生，日常采用紫外线照射或熏蒸消毒或用 0.2%～0.5%过氧乙酸对地面、墙壁、屋顶喷洒消毒。每周至少 3 次。

（2）当诊室进行过患病动物的诊治后，应立刻消毒。

（3）诊疗器械及用品应根据类型进行高压灭菌或浸泡、擦拭灭菌。

9. 发生疫病的消毒和无害化处理

（1）当养殖场或养殖场周边发生地方政府认定的重大动物疫病疫情时，被地方政府划定为疫区、疫点或受威胁区时，应按照《动物防疫法》规定执行控制措施。

（2）养殖场发生国家规定的无须扑杀的疫病时，应及时采取隔离、淘汰和治疗措施，并加大场区道路、鸡舍周围、带鸡消毒的频率。

（3）鸡场的病死鸡应按照农医发〔2017〕25 号《病死及病害动物无害化处理技术规范》的规定进行无害化处理和消毒。

10. 鸡蛋的消毒

每次收集好鸡蛋后，马上进行第一次熏蒸消毒，鸡蛋进入蛋库后，进行第二次熏蒸消毒。根据消毒室或消毒柜的空间大小，每立方米空间需要甲醛 35 mL、水 35 mL，放入消毒器中蒸发消毒，密闭 30 min。

11. 消毒效果评价

按照卫法监发〔2002〕282 号《消毒技术规范》的规定，对消毒后的理化指标、杀灭微生物效果指标和毒理指标进行检验。

12. 消毒记录

消毒记录应包括消毒日期、消毒剂名称、主要成分、含量、生产厂家、生产批号、消毒方法、消毒人员签字等内容，至少保存 2 年。

13. 消毒人员的防护

（1）消毒人员必须进行必要的消毒防护培训，按说明正确使用消毒器材和消毒剂。

（2）消毒人员消毒时应佩戴必要的防护用具，如手套、面罩、口罩、防尘镜、雨鞋等。

（3）喷雾消毒时，消毒人员应倒退逆风而行，顺风喷雾。

（4）当消毒液不慎溅入眼中或皮肤黏膜，应立刻用大量清水冲洗直至症状消失，严重者迅速就医。

第八章 常发疾病的管理与免疫

一、蛋鸡常见疾病

蛋鸡常发疾病可分为病毒性疾病、细菌性疾病、其他微生物引发的疾病、寄生虫病及中毒病等。

（一）病毒性疾病

1. 鸡新城疫

鸡新城疫又称"亚洲鸡瘟"，是由新城疫病毒引起的一种急性、烈性、高度接触性传染病。主要特征是发热、严重下痢、呼吸困难、精神紊乱、黏膜和浆膜出血，发病快、死亡率高，是目前对养鸡业危害严重的一种传染病。

病原：新城疫病毒属副黏病毒科副黏病毒属。病毒对热抵抗力强，对 pH 的适应范围广，病毒在未消毒的密闭鸡舍内，秋冬季节连续 8 个月仍有传染性，对消毒液的抵抗力较弱，2％氢氧化钠、1％来苏尔、1％～3％甲醛、1％碘酊、70％酒精均可在数分钟内将其灭活。

流行特点：病毒主要经消化道和呼吸道传播，流行无季节性，各日龄的鸡都能感染，主要传染源是病鸡、带毒鸡和死鸡。病鸡从口鼻分泌物和粪便中能排出病毒，疫病流行过以后的带毒鸡，是造成本病流行的主要原因。

临床诊断：本病潜伏期一般 1～3 d。最急性型，病鸡常常没有任何症状而突然死亡。急性型，大多属于这一类型，表现食欲废绝、精神委顿、闭目、尾垂、呆立、呼吸困难、嗉囊积液，将病鸡倒提，从口中流出大量积液，粪便稀薄呈黄绿色，蛋鸡产蛋减少或停止。慢性型，多由急性型转化而来，病初与急性型相同，症状轻，不久出现神经症状、跛行、两翅下垂、转圈、头向后仰或扭向一侧。成年蛋鸡表现为产蛋量急剧下降，软蛋明显增加。

防控措施：①防止鸡新城疫流行的根本办法是杜绝病原侵入鸡群，因此要加强饲养管理，严格执行卫生消毒措施，严禁一切带毒动物（如观赏鸟、野鸟、鸽、鹌鹑等，特别是病鸡）及其产品，以及被病毒污染的物品进入鸡场。饲养人员不得接触禽类及产品，不得进入集贸市场。②根据抗体检测结果科学指导免疫。在 60～70 日龄、100～110 日龄、160 日龄进行新城疫抗体检测，了解免疫效果。③一旦感染，要求采取严格封锁、隔离、消毒、扑杀和紧急预防接种等综合措施，可及时注射鸡新城疫高免卵黄抗体或用 4 倍量Ⅳ系疫苗紧急预防接种。

2. 鸡传染性法氏囊病

本病是雏鸡的一种急性、高度接触性病毒性疾病，以 3～6 周龄的鸡最易感，多发季节为 4～6 月。其特点是发病急、感染率高、病程短、死亡率高，容易形成免疫抑制。

病原：传染性法氏囊病病毒属禽双股 RNA 病毒，无囊膜。病毒对热稳定（60℃，30 min），在 pH 3～9 的条件下，经乙醚或氯仿处理均不丧失活性。病毒在自然界存活时间长，在病鸡舍内的病毒可存活 122 d。

流行特点：所有品种的鸡均可感染，仅发生于 2～15 周的鸡，3～6 周龄为高发期。病原主要通过粪便排出体外，污染饲料、饮水和环境，这些被污染的水、料经鸡的消化道、呼吸道和眼结膜等感染；各种用具、人员及虫类（昆虫、老鼠）也可以携带病毒，扩散传播。

临床表现：雏鸡群突然大批发病，2～3 d 可波及 60%～70% 的鸡，发病后 3～4 d 死亡达高峰。病初表现为精神不振、厌食、饮水增加，排水性稀粪，震颤和重度虚弱。剖检变化以脱水、骨骼肌出血、肾小管尿酸盐沉积和法氏囊黄色胶冻样水肿、出血为特征。由于出现免疫抑制现象，因此易并发或继发感染其他疾病。

防控措施：①加强饲养管理，做好清洁和消毒工作。病毒对乙醚、氯仿、酚类、升汞和季铵盐等都有较强抵抗力，但对含氯消毒剂、含碘消毒剂、甲醛比较敏感。②预防接种：一方面要提高种鸡的抗体水平，另一方面对雏鸡做好预防接种，根据雏鸡的母源抗体水平确定雏鸡的首免时间，首免后 7～10 d 进行二免。③发病鸡群的防治：一是降低饲料中的蛋白含量，提高维生素的含量，饮水中加入 5% 的糖或补液盐；二是使用中药囊病宁或扶正解毒散配合抗生素治疗；三是发病早期用传染性法氏囊病高免血清或高免卵黄抗体及时注射。

3. 鸡传染性支气管炎

本病是由鸡传染性支气管炎病毒（IBV）引起的一种急性、高度接触性呼吸道疾病。由于本病可引起雏鸡的死亡，使发病的产蛋鸡产蛋量下降 50% 以上，并出现大量的畸形蛋，是威胁蛋鸡业的常见疾病之一。1991 年以来，我国又发生了肾型和腺胃型传染性支气管炎（以下简称"传支"），给养鸡业造成了很大的危害。

病原：传染性支气管炎病毒属于冠状病毒，对环境抵抗力不强，对低温有一定抵抗力，对普通的消毒水敏感。血清型有 30 多个，易变异。

流行特点：各种日龄的鸡均易感，但 5 周龄的感染鸡只症状尤为明显，死亡率高达 15%～19%。多发于秋季至次年春末，冬季最严重。传播方式主要通过空气传播。人员、用具、鸡污染的饲料也是传播媒介。本病传播迅速，1～2 d 波及全群。

临床表现：雏鸡突然流鼻涕、打喷嚏、咳嗽、呼吸困难，病鸡缩头闭目、垂翅挤堆；产蛋鸡表现轻微的呼吸困难、咳嗽、呼噜，发病第 2 天产蛋下降，1～2 周可下降一半，并产软蛋、畸形蛋。肾型传支多发于 2～50 日龄的鸡，除有呼吸道症状外，还有肾炎和肠炎；肾型传支症状呈二相性：第一阶段表现呼吸道症状，几天后消失；第二阶段开始排白绿色稀粪，含有大量尿酸盐，病程较长，一般达 2 周之久。

防控措施：①加强饲养管理，做好卫生消毒：病毒对外界抵抗力不强，56℃ 15 min 死亡，但在低温下可存活很长时间。对一般消毒液都敏感。②免疫接种：一般情况下，1 周龄用 H_{120} 疫苗首免，4 周龄用 H_{52} 疫苗加强免疫，或用油乳剂灭活苗免疫。发生肾型传支的地区在 5～7 日龄用 Ma5 疫苗免疫，18 日龄用当地分离株制备的油乳剂灭活苗免疫，26～28 日龄用 Ma5 疫苗饮水免疫。③鸡群发病时，适当提高舍内温度，提高饲料中维生素的含量。药物治疗：抗生素＋电解质＋化痰止咳药饮水，可大大降低发病率和死亡率。若结合干扰素共同使用，疗效更佳。

4. 鸡痘

本病是由鸡痘病毒引起的一种急性、高度接触性传染病，特征是皮肤、口腔和喉部黏膜上发生痘疹。在大型养鸡场易造成流行。

病原：鸡痘病毒属于痘病毒。本病毒对外界环境的抵抗力比较强，但 1‰氢氧化钠溶液、10％醋酸可快速杀死病毒。在腐败环境中迅速死亡，但在冷冻环境可长期保持活力。

流行特点：养殖密度过大、舍内空气流通不畅、鸡群营养不良、个别鸡有啄癖、蚊虫叮咬都是诱发本病的因素。特别是蚊虫的叮咬是本病传播的主要途径。多发于春秋两季。

临床表现：①皮肤型：在鸡冠、肉髯、面部、眼睑、嘴角、肛门周围无毛区，形成一种灰白色或黄白色水疱样病灶，干燥后形成结节。②黏膜型：在病鸡的口腔、气管、食道黏膜形成黄色结节，结节融合形成假膜，撕去假膜露出出血的溃疡面。③混合型：皮肤型和黏膜型同时发生。

防控措施：①鸡舍要定期消毒，特别是秋季，及时驱蚊、蝇等。②免疫：预防接种采用翅下刺种的方法。10～20 日龄第一次免疫刺种，产蛋前 1～2 月第二次免疫刺种。该病的高威胁地区可以重复接种。

5. 禽流感

本病又称真性鸡瘟或欧洲鸡瘟，是由 A 型禽流感病毒引起的一种禽类传染病。本病毒主要侵害禽的呼吸系统和生殖系统。由于病毒的毒力不同，造成的伤害也不同，有的呈高致死率，有的表现呼吸系统病变，有的隐性感染。该病影响巨大，给养禽业造成了巨大的损失。

病原：禽流感病毒属于甲型流感病毒，有囊膜。有16个H亚型和9个N亚型。高致病的有H5、H7N9亚型，低致病的有H9N2等亚型。常用的消毒液均能快速杀灭病毒。

流行特点：各日龄的鸡均易发病，冬末春初，冷空气活动频繁，气温忽高忽低，易诱发本病。本病主要通过呼吸道传播。

防控措施：①禽流感病毒不仅作为人流感最大的基因库而间接危害人类健康，还可能作为新病原而成为人类直接面临的最大威胁之一，因此要特别重视禽流感病毒的公共卫生学意义。定期对养殖场全面彻底消毒，批次养殖之间要彻底消毒所有设备、设施，增加密闭消毒。②免疫：雏鸡15~20日龄时，重组禽流感三价苗（H5＋H7）进行首免，0.3 mL/只；50~60日龄重组禽流感三价苗（H5＋H7）进行二免，0.5 mL/只；120~130日龄进行三免，0.8~1 mL/只；240日龄再补免一次。③对鸡群的免疫情况进行全面检测，在免疫失效时进行补充免疫。④制定疾病应急处理措施，发现发病症状及时隔离，对染病鸡使用的器具和圈舍全面消毒。根据发病的严重性对鸡群进行扑杀，并向上级主管部门报告。

6. 禽白血病

禽白血病是由禽白血病病毒引起的禽类多种肿瘤性疾病的统称，俗称"大肝病"。主要是淋巴细胞性白血病，其次是成红细胞性白血病、成髓细胞性白血病。此外还可引起骨髓细胞瘤、结缔组织瘤、上皮肿瘤、内皮肿瘤等。大多数肿瘤侵害造血系统，少数侵害其他组织。

病原：禽白血病病毒属于逆转录病毒科禽C型逆转录病

毒群。禽白血病病毒与肉瘤病毒紧密相关，因此统称为禽白血病/肉瘤病毒。病毒对热抵抗力弱，对去污剂和脂溶剂敏感。

流行特点：传染源是病鸡和带毒鸡。有病毒血症的母鸡，其整个生殖系统都有病毒繁殖，以输卵管的病毒浓度最高，特别是蛋白分泌部，因此其产出的鸡蛋常带毒，孵出的雏鸡也带毒。这种先天性感染的雏鸡常有免疫耐受现象，它不产生抗肿瘤病毒抗体，长期带毒排毒，成为重要传染源。后天接触感染的雏鸡带毒排毒现象与接触感染时雏鸡的年龄有很大关系。雏鸡在 2 周龄以内感染这种病毒，发病率和感染率很高，残存母鸡会终生带毒，产下的蛋带毒率也很高。4～8 周龄雏鸡感染后发病率和死亡率大大降低，其产下的蛋也不带毒。10 周龄以上的鸡感染后不发病，产下的蛋也不带毒。

防控措施：①净化鸡群重点是在原种鸡场、种鸡场。控制鸡白血病都从建立无鸡白血病的净化鸡群着手，即每批即将产蛋的鸡群，经 ELISA 或其他血清学方法检测，阳性鸡进行一次性淘汰。每批蛋鸡只需这样淘汰一次，经三四代淘汰后，鸡群的鸡白血病将会显著降低，并逐步消灭。②加强鸡舍孵化、育雏等环节的消毒工作，特别是育雏期（最少 1 个月）进行封闭隔离饲养，并实行全进全出制。

（二）细菌性疾病

1. 鸡白痢

本病是由鸡白痢沙门氏菌引起的一种传染病。雏鸡呈急性败血性病变，表现为肠炎性灰白色下痢。成年鸡以慢性、隐性感染为主。

病原：鸡白痢沙门氏菌，革兰氏阴性菌，对干燥、日光有一定的抵抗力，在外界条件下可存活数周或数月，对化学消毒剂抵抗力弱。

流行特点：垂直传播是本病的主要方式，也可以通过消化道、呼吸道等传播。不同品种、年龄的鸡均易感。没有明显的季节性，冬春季雏鸡易发。

防控措施：①挑选健康的种鸡、种蛋，建立健康鸡群，坚持自繁自养，从外地引进种蛋要慎重。需要购进鸡苗的饲养场（户）要了解对方的疫情状况，与孵化场签订诚信合同，防止病原菌侵入本场。②加强鸡舍的卫生管理和消毒工作，常用的消毒液如季铵盐类、氯制剂等都可以杀灭该菌。养鸡场定期消毒，保持鸡舍清洁、干燥，饲料槽、饮水器每天清洗1次，防止被鸡粪污染。养鸡场地、垫料要在养完1批后彻底清除1次。③健康鸡群应定期通过全血平板凝集反应进行全面检疫，淘汰阳性鸡和可疑鸡。④在鸡饲料里添加微生态制剂、中药制剂可预防本病的发生。发病时，可使用磺胺类、四环素类、酰胺醇类、喹诺酮类药物预防和治疗。最好在确定病原的基础上，进行药敏试验，选择敏感的药物。

2. 鸡伤寒

本病是由鸡伤寒沙门氏菌引起的青年鸡、成年鸡的一种败血型传染病。主要表现为肝脏肿大、呈铜绿色，以及下痢。

病原：鸡伤寒沙门氏菌，革兰氏阴性菌。该病原在加热（60℃ 10 min）、日光直射下几分钟即被杀死；如在黑暗处的水中可存活20 d；死于鸡伤寒的鸡，3个月后还能在其骨髓中分离到强毒力的鸡沙门氏菌。对化学消毒剂抵抗力弱。

流行特点：各种日龄的鸡均易发。病鸡和带菌鸡是感染源，感染途径较多，主要通过消化道、眼结膜传播。本病可垂直传播。

防控措施：①严防各种动物进入鸡舍，并防止其粪便污染饲料、饮水及养鸡环境。②种蛋及孵化器要认真消毒，出雏时不要让雏鸡在出雏器内停留过久。③其他预防措施参照鸡白痢。

3. 鸡大肠杆菌病

鸡大肠杆菌病是由致病性大肠杆菌引起的一种细菌性传染病，是危害蛋鸡养殖业的重要疾病。病鸡主要表现为精神不振、离群呆立、羽毛松乱、两翅下垂、下痢等症状。本病可呈现出肠炎、呼吸道炎、气囊炎、输卵管炎、眼炎、神经炎、关节炎等症状。

病原：本病原为致病性大肠杆菌，该菌血清型众多，有50多个。在自然界和生物体中普遍存在，属于条件致病菌。在污水、粪便、尘埃中可存活数月之久，对普通的化学消毒药敏感。

流行特点：各个日龄的鸡、不同的季节均易感。环境变化、温度过低易发生，冬季和雨季多发，常与慢性呼吸道疫病、新城疫、流感、球虫病等疾病混合感染。病鸡和带菌鸡是传染源，通过污染的饮水、饲料、蛋壳、灰尘、用具等传播。也可通过消化道、呼吸道、生殖道传播。

防控措施：①挑选健康的种鸡、种蛋，建立健康鸡群，坚持自繁自养，从外地引进种蛋要慎重。需要购进鸡苗的饲养场（户）要了解对方的疫情状况，与孵化场签订诚信合同，防止病原菌侵入本场。②调整禽群密度，加强空气流通，搞好饲料营养、饮水卫生等，养鸡场定期清扫和消毒，保持鸡舍清洁、干燥，饲料槽、饮水器每天清洗 1 次，饮水管线每周消毒 1 次。③受本病污染严重的鸡场，可使用大肠杆菌油佐剂灭活苗接种。④及时发现，及时治疗，本菌对 β - 内酰胺类（氨苄西林、阿莫西林等）、喹诺酮类（环丙沙星、恩诺沙星等）、磺胺类、四环素类等药物均敏感。发生本病，可进行药敏试验，选择敏感的药物进行治疗。本病菌易产生耐药性，药物使用需轮替。

4. 鸡传染性鼻炎

本病是由副鸡嗜血杆菌引起的鸡的急性呼吸系统疾病。主要引发鸡的鼻窦炎，病鸡表现为流鼻涕、脸肿胀和打喷嚏。

病原：副鸡嗜血杆菌，革兰氏阴性菌。本菌抵抗力弱，在自然环境几小时就会死亡，对热和消毒液敏感。

流行特点：各种年龄的鸡均可感染发病，老龄鸡最严重。病鸡和隐性感染鸡是传染源，主要通过飞沫、灰尘经呼吸传播，也可通过污染的饲料和饮水传播。若鸡舍通风不良、氨气浓度过高、缺乏维生素 A 及管理不当引起鸡免疫力下降时，引起发病。多见于秋冬季节。

防控措施：①加强管理，勤通风，使鸡舍保持良好的空气质量；严格消毒；冬春两季，饲料里可添加维生素 A 和黄芪多糖提高机体免疫水平。②副鸡嗜血杆菌对磺胺类药物非常敏感。发生本病时，磺胺类药物是首选。③免疫：35～40 日龄的鸡首免鸡传染性鼻炎油佐剂灭活苗，100～110 日龄二免。

（三）其他微生物引发的疾病

1. 鸡支原体病

本病是由鸡支原体引发的一类传染病。其中鸡毒支原体

（MG）引起鸡的呼吸道病变，表现为咳嗽、喷嚏、气管啰音和鼻炎，产蛋鸡产蛋量下降，对蛋鸡的影响巨大；滑液囊支原体（MS）主要引起鸡滑液囊炎，表现为跗关节肿胀、跛行、鸡冠苍白、浅绿色粪便，粪便中含有大量尿酸盐。

病原：支原体用革兰氏染色不易着色，用姬姆萨染色为淡紫色。支原体对外界抵抗能力弱，对热、干燥敏感，对 75%乙醇、煤酚皂溶液敏感。

流行特点：本病可垂直传播、交配传播和接触传播。可通过带菌鸡的喷嚏污染饲料和饮水而传播本病。常常与大肠杆菌合并感染。气雾免疫时，也可诱发本病。

防控措施：①种鸡场定期进行血清型检测，淘汰阳性鸡。种蛋的消毒：减少经蛋传播的可能。种蛋收集进贮藏库之前用甲醛蒸气消毒，孵化前将温度为 37℃的孵化蛋浸于冷的（1.7～4.4℃）的泰乐菌素或红霉素溶液，浓度为 400～1 000 mg/L，历时 15～20 min，取出晾干后孵化。②淘汰病鸡群，彻底清理、消毒鸡舍和用具，重新饲养。③强化鸡舍环境卫生，使用5%氢氧化钠溶液、1%醋酸溶液、10%含氯石灰（漂白粉）溶液交替消毒。保持鸡舍内空气新鲜，避免各种应激发生。④免疫接种，12～15 日龄用鸡毒支原体弱毒苗点眼或饮水，3 周龄、70 日龄用滑液囊支原体灭活苗肌注，14 周龄用鸡毒支原体弱毒苗点眼或饮水。⑤鸡群发现该病时，可选择大环内酯类（泰乐菌素、泰万菌素、替米考星等）、四环素类（多西环素等）、截短侧耳素类（泰妙菌素）等进行治疗。

2. 衣原体病

本病是由鹦鹉热亲衣原体引起的家禽的一种重要传染病，是一种人畜共患病。发病初期病鸡精神萎靡、不食、羽毛蓬乱，接着拉稀薄、绿色或白石灰样粪便，肛门粘有大量粪便。有的病鸡出现眼睑肿胀、流泪等结膜炎症状。部分耐过鸡生长受阻，产蛋鸡产蛋下降。

病原：衣原体是介于立克次体和病毒之间的一种病原微生物，以原生小体和网状体两种独特形态存在。衣原体对能影响脂类成分或细胞壁完整性的化学因子非常敏感，容易被表面活性剂如季铵盐类化合物和脂溶剂等灭活。70%酒精、3%双氧水、碘制剂消毒液和硝酸银等几分钟便可将其杀死。

流行特点：衣原体病主要通过空气传播，也可经口感染。本病多发于秋冬和春季。当饲养管理不善、营养不良、阴雨连绵、气温突变、禽舍潮湿、通风不良时，均能增加该病的发生率和死亡率。

防控措施：①本病属于人畜共患的自然疫源性疾病。人感染后表现为全身虚弱、体温升高、头痛、出汗、恶心、呕吐、咳嗽等症状。饲养人员必须增强本病的防护意识。②发生本病时，建议群体淘汰，鸡舍和用具彻底消毒，病死鸡做无害化处理。③发病鸡口服抗生素能够明显地降低死亡率，但治疗以后的鸡可能成为带毒者。其对多西环素类和红霉素类比较敏感。可采用先用药 4 d，停药 3 d，再用药 3 d 的治疗方案。

（四）寄生虫病

1. 鸡球虫病

本病是由一种或者多种球虫寄生于鸡肠道黏膜上皮细胞内引起鸡的一种急性、流行性原虫病。该病易发于 15～50 日龄的雏鸡，死亡率高，耐过鸡生长迟缓、发育不良。临床表现为精神沉郁、羽毛松乱、缩头弓背、翅膀下垂、呆立一角、食欲减少，排水样稀粪或血便。盲肠球虫的病原是毒力较强的柔嫩艾美耳球虫，表现为盲肠两侧明显肿胀，肠道黏膜出血呈暗红色、肠道黏膜脱落、肠道内有黄白色干酪样物质，发病 4～6 d 后，盲肠萎缩；小肠球虫的病原是毒害艾美耳球虫，主要侵害小肠中部，表现为肠管扩张，肠壁松弛增厚，有明显的坏死灶，黏膜表面有小出血点和白色斑点。

病原：本病病原为艾美耳球虫，球虫种类多，我国发现 9 种艾美耳球虫。不同种类的球虫，在肠道内寄生的位置也不同，柔嫩艾美耳球虫寄生在盲肠；毒害艾美耳球虫寄生在小肠中段 1/3 处；堆积艾美耳球虫寄生于小肠前端等。球虫孢子化卵囊对外界环境及常用消毒剂有极强的抵抗力，一般的消毒剂不易破坏，在土壤中可保持生命力达 4～9 个月，在有树荫的地方可达 15～18 个月。

流行特点：各个品种的鸡均易感，15～50 日龄的鸡发病率和致死率都较高，成年鸡对球虫有一定的抵抗力。病鸡是主要传染源，凡被带虫鸡污染过的饲料、饮水、土壤和用具等都有卵囊存在。鸡感染球虫的途径主要是吃了感染性卵囊。人及其衣服、用具等以及某些昆虫都可成为机械传播者。饲养管理条件不良，鸡舍潮湿、拥挤，卫生条件恶劣时最易发病。在潮湿多雨、气温较高的梅雨季节易暴发球虫病。

防控措施：①保持鸡舍干燥、通风和鸡场卫生，定期清除粪便，堆放发酵以杀灭卵囊。保持饲料、饮水清洁，笼具、料槽、水槽定期消毒，一般每周一次，可用沸水、热蒸汽或 3％～5％热碱水等处理。②病鸡和康复鸡均能长期带虫，持续排放卵囊，因此这些鸡必须与新养雏鸡分开饲养。③加强饲养管理，补充维生素 A、复合维生素 B 均有利于球虫的预防和康复。补充维生素 K。④受球虫危害严重的地区，可以使用球虫疫苗，蛋鸡在3、10、20日龄进行3次免疫。⑤科学选药、用药，在不同的生长阶段使用不同的抗球虫药物，不同批次的鸡使用不同的抗球虫药物。球虫病流行的鸡场，应从雏鸡15日龄开始用预防剂量连续服用1～1.5个月。常用的预防用药为马杜拉霉素、盐霉素、氯苯胍。

球虫病治疗的原则是早发现早治疗。常用的治疗药物有球痢灵、氨丙啉、磺胺二甲嘧啶、磺胺喹噁啉钠、磺胺氯丙嗪钠、地克珠利、妥曲珠利等，中药有驱球散、球虫净等。在治疗过程中，饲料里添加维生素A和维生素K_3可降低盲肠球虫的死亡率，在鸡群发病时要控制麸皮和碳酸钙用量，因这些饲料能促进球虫的发育。

2. 鸡住白细胞原虫病

本病是由住白细胞原虫寄生于鸡的白细胞和红细胞所引起的一种血孢子虫病，又称白冠病。多发于雏鸡，雏鸡感染后临床表现为贫血、鸡冠苍白、流涎、拉黄绿色稀粪，死亡率高，青年鸡和成鸡感染后表现较轻，青年鸡发育迟缓，蛋鸡产蛋量下降。

病原：我国发现有卡氏住白细胞原虫和沙氏住白细胞原虫。生活史有三个阶段，孢子生殖在昆虫体内（库蠓、蚋），裂子生殖在鸡的组织器官内，配子生殖是在鸡的末梢血液或组织完成。

流行特点：本病靠吸血昆虫库蠓和蚋传播，因此有明显的季节性，北方多发于7—9月，南方多发于4—10月。

防控措施：①在本病流行季节，要注意消灭传播媒介，用0.1%除虫菊酯喷洒鸡舍周围，每隔6～7 d喷洒一次，杀灭库蠓和蚋，也可以在鸡舍纱窗上喷洒6%～7%马拉硫磷，防止库螨和蚋进入鸡舍。②流行季节，在饲料里添加 0.012 5％氯羟吡啶或 0.005％磺胺喹噁啉，可预防本病。

3. 组织滴虫病

本病是由组织滴虫寄生于鸡的盲肠和肝脏引起，以肝坏死、盲肠溃疡为特征的一种急性原虫病，又称黑头病、盲肠肝炎。本病易发生于 2 周龄到 4 月龄以内的鸡。感染初期病鸡精神不振、行动迟缓、食欲降低，排淡黄、浅绿色粪便，而后粪便带血，病鸡头部发绀，鸡冠呈暗黑色。剖检肝脏有圆形或不规则形的坏死溃疡灶，盲肠内充满黄灰绿色干酪样物，呈多层的栓子样。

病原：组织滴虫分为组织型和肠腔型。其中组织型寄生在细胞内，肠腔型寄生在盲肠腔的内容物中。虫体在外界环境中可生存长达 2～3 年，当健康鸡误食含有虫体的粪便后就会发生感染。该病主要的传播途径是鸡食入具有感染力的异刺线虫虫卵而感染。

流行特点：组织滴虫病最易发生于 2 周龄以内的雏鸡和 3～4 月龄的育成鸡，特别是雏火鸡易感性最强，病情严重，死亡率最高。传播媒介是异次线虫虫卵。

防控措施：①保持鸡舍的环境卫生，保持鸡舍干燥，地面用 3％氢氧化钠溶液消毒，防止饲料、饮水的污染。②最好不要把鸡养在土质地面上或放牧，避免鸡吃带虫蚯蚓感染。③发病后可选择甲硝达唑、二甲硝咪唑。

4. 鸡蛔虫病

鸡蛔虫病是一种常见的肠道寄生虫病。在大群饲养情况下，雏鸡常由于患蛔虫病而影响生长发育，严重时会引起死亡。

病原：成年蛔虫虫体呈黄白色，雄虫长 50～76 mm，雌虫长 60～116 mm。3 月龄以下的雏鸡最易感染。蛔虫可以在鸡体内交配、产卵，虫卵可以在鸡体内生长，也可以随粪便被排出体外，地面上的虫卵被鸡啄食后进入体内造成鸡群感染。从吞食虫卵到发育为成虫，一般需要 35～58 d。

流行特点：本病多发于 2～4 月龄的鸡，随年龄的增大，易感性降低。1 年以上的鸡多为带虫者。虫卵随鸡的粪便排出体外后，鸡食入被虫卵污染的饲料或饮水而感染。当饲料中蛋白质过少、维生素 A 和 B 族维生素缺乏时，幼鸡对蛔虫的抵抗力降低，容易发病。

临床症状：幼鸡患病表现为食欲减退，生长迟缓，呆立少动，消瘦虚弱，黏膜苍白、羽毛松乱，两翅下垂，胸骨突出，下痢和便秘交替，有时粪便中有带血的黏液，以后逐渐消瘦而死亡。成年鸡一般为轻度感染，严重感染的表现为下痢、日渐消瘦、产蛋下降、蛋壳变薄，产蛋量减少。

防控措施：①搞好鸡舍和运动场的卫生，每天清扫和严格消毒，运动场每隔一段时间要铲去老土，更换新沙土。鸡舍和运动场用 3%氢氧化钠溶液喷洒消毒。②及时清理鸡粪，将鸡粪及时堆积发酵，杀死虫卵。③不同日龄的鸡必须隔离饲养，不能混养。④定期驱虫，从 2 月龄开始驱虫，而后每隔一个月驱虫一次；成年鸡每年驱虫 2～3 次，多在春秋季进行。驱虫后，及时清理粪便，堆积发酵。⑤治疗：左旋咪唑，每千克体重 25 mg，拌料。也可选择驱虫净、驱蛔灵。

5. 鸡绦虫病

鸡绦虫病是由赖利属的多种绦虫寄生于鸡的十二指肠引起的，常见的赖利绦虫有棘沟赖利绦虫、四角赖利绦虫和有轮赖利绦虫三种。各种年龄的鸡均能感染，其他如火鸡、雉鸡、孔雀等也可感染，17～40 日龄的雏鸡易感性最强，死亡率也最高。

病原：棘沟赖利绦虫和四角赖利绦虫是大型绦虫，两者外形和大小很相似，长 25 cm，宽 1～4 mm。棘沟赖利绦虫头节上的吸盘呈圆形，中间宿主是蚂蚁。四角赖利绦虫，头节上的吸盘呈卵圆形，中间宿主是蚂蚁或家蝇。有轮赖利绦虫较短小，头节上的吸盘呈圆形，中间宿主是甲虫。棘沟赖利绦虫和四角赖利绦虫的虫卵包在卵囊中，每个卵囊内含 6～12 个虫卵。有轮赖利绦虫的虫卵也包在卵囊中，每个卵囊内含 1 个虫卵。

流行特征：雏鸡的易感性强，中间宿主是蚂蚁、家蝇、甲虫。虫卵被中间宿主食入体内后，经 14～16 d 长成幼虫，鸡吃了含有幼虫的中间宿主而被感染，幼虫吸附在鸡的小肠黏膜上，经 12～23 d 发育成绦虫成虫，造成鸡发病。

临床特点：病鸡表现为下痢、贫血、消瘦，粪便中有时混有血样黏液，粪便可见白色、芝麻大小、长方形绦虫结节。轻度感染造成雏鸡发育受阻，成鸡产蛋量下降或停止。寄生绦虫量多时，可使肠管堵塞，肠内容物通过受阻，造成肠管破裂和引起腹膜炎。绦虫代谢产物可引起鸡体中毒，出现神经症状。病鸡食欲不振，精神沉郁，贫血，鸡冠和黏膜苍白，极度衰弱，两足常发生瘫痪，不能站立，最后因衰竭而死亡。

防控措施：①经常清扫鸡舍，及时清除鸡粪，做好防蝇灭虫工作。②幼鸡与成鸡分开饲养，采用全进全出制。③控制中间宿主的滋生，饲料中添加环保型添加剂，如在绦虫流行季节，饲料中长期添加环丙氨嗪（一般每吨全价饲料加 5 g）。

④定期进行药物驱虫，建议在 60 日龄和 120 日龄各预防性驱虫一次。⑤当禽类发生绦虫病时，必须立即对全群进行驱虫。吡喹酮：鸡按每千克体重 10～15 mg，一次投服，可驱除各种绦虫。阿苯达唑：鸡每千克体重 10～20 mg，一次投服。

6. 鸡羽虱

鸡羽虱是一种常见的鸡体外寄生虫，种类很多，寄生在鸡体上的数量也很多，在寒冷季节更是严重。严重时使宿主不得安宁，发育停止。

病原：羽虱体小，雄虫体长 1.7～1.9 mm，雌虫 1.8～2.1 mm。头部有赤褐色斑纹，主要寄生在鸡、珍珠鸡、鸭等家禽的羽轴上，以羽毛和皮肤分泌物为食。

流行特点：一年四季均可发生，秋冬两季最多发。接触感染，传播迅速，散养鸡高发。羽虱白天藏伏于墙壁、栖架、产蛋箱的缝隙及松散干粪等处，并在这些地方产卵繁殖；夜晚则成群爬到鸡身上叮咬吸血，每次一个多小时，吸饱后离开。成虫能耐饥饿，不吸血状态可生存 82～113 d。

临床特征：羽虱繁殖迅速，以羽毛和皮屑为食，因啄痒而伤及皮肉，羽毛脱落，日渐消瘦，产蛋量减少。雏鸡生长发育受阻，甚至由于体质衰弱而死亡。

防控措施：①彻底打扫鸡舍，清除出陈旧干粪、垃圾杂物，能烧的烧掉，其余用杀虫药液充分喷淋，堆到远处。杀虫药有高效氯氰菊酯、高效氯氟氰菊酯、2.5％溴氰菊酯（敌杀死），或 0.25％～0.5％敌百虫水溶液等。②对羽虱栖息处，包括墙缝、网架缝、产蛋箱等，用上述杀虫药液喷至湿透，间隔 1 周再喷一次，注意不要喷进料槽与水槽。③沙浴法：在运动场挖一浅坑，用 10 份黄沙和 1 份硫黄粉混匀放入坑中，让鸡在坑中沙浴。

（五）中毒病

1. 霉菌毒素中毒

饲料由于天气原因或者贮存不当发生霉变，会产生多种霉菌毒素，当鸡吃了霉变的饲料引发霉菌毒素中毒。雏鸡对霉菌毒素非常敏感，多为急性中毒，无明显变化，突然死亡。病程长的，食欲不振、生长迟缓、腹泻、贫血、排稀粪。育成鸡和产蛋鸡多为慢性中毒，发育迟缓、开产推迟、产蛋下降、孵化率低。剖检：肝脏坏死、胆管增生、心包积液。

防控措施：①立即更换饲料。②饲料储存场所用化学制剂熏蒸消毒。③鸡群发生中毒后，立刻采取保肝护胆、保护肠胃措施。可在鸡每升饮水中加入 0.5 g 硫酸铜或加入 5 g 碘化钾和 0.01％维生素 C。

2. 磺胺类药物中毒

在治疗鸡病时，磺胺药使用剂量过大或使用时间过长时可引起磺胺药中毒。雏鸡中毒后表现精神沉郁，食欲减退，生长迟缓，皮肤、肌肉、脏器出血；产蛋鸡表现为产蛋量明显下降、产软壳蛋、蛋壳变薄、鸡蛋外表粗糙、蛋色减退。

防控措施：①严格按照药品说明使用磺胺类药，1 月龄内的雏鸡尽量不用磺胺类药，产蛋鸡禁止使用磺胺类药物。②发生中毒，立刻停药，供应含 1％～2％碳酸氢钠和 0.01％维生素 C 的饮水。

二、蛋鸡疾病防控管理

蛋鸡养殖场要有健全的动物防疫体系，通过控制传染病的三个关键要素（传染源、传染途径、易感动物）来防控疾病的传播。

1. 建立完善的防疫设施

（1）隔离设施　鸡场与周围环境、场区生活区与生产区、不同功能的生产区之间必须要有隔离设施，同时应设置明显的防疫标识。

（2）消毒设施　消毒是生物安全体系中重要的环节，也是养殖场控制疾病的重要措施。一方面消毒可以减少病原进入养殖场或畜禽舍；另一方面消毒可以杀灭已进入养殖场或畜禽舍内的病原，总体减少了畜禽周边病原的数量，减少了畜禽被病原感染的机会。养殖场的消毒包括进入人员、设备、车辆消毒，养殖场环境消毒，畜禽舍消毒，水和饲料消毒以及带畜禽消毒等。

（3）兽医室　养鸡场应设置兽医室，兽医室必须与生产区有效隔离。

（4）无害化处理设施　养鸡场应设有无害化处理设施。对污染的水、饲料、粪便、病死鸡等污染物进行无害化处理。

2. 完善的蛋鸡防疫制度

（1）严格执行政府强制免疫计划和实施方案，按照规定做好强制免疫病种的免疫工作。

（2）按照合理的免疫程序给鸡群做好免疫工作。

（3）严格按照疫苗说明书进行保存、使用疫苗。

（4）按照程序，按需领取国家免费提供的强制免疫疫苗。

（5）定期给鸡群进行主要病种的抗体检测，查漏补缺。

（6）按照规定做好免疫记录，填写免疫接种卡。

（7）出售或转移鸡只时，货主应当按照国务院农业农村主管部门的规定向所在地动物卫生监督机构申报检疫。动物卫生监督机构接到检疫申报后，应当及时指派官方兽医对动物、动物产品实施检疫。检疫合格的，出具检疫证明、加施检疫标志。实施检疫的官方兽医应当在检疫证明、检疫标志上签字或者盖章，并对检疫结论负责。

3. 动物疫情报告制度

《动物防疫法》规定，从事蛋鸡疫病监测、检测、检验检疫、研究、诊疗以及蛋鸡饲养、屠宰、经营、隔离、运输等活动的单位和个人，发现动物染疫或者疑似染疫的，应当立即向所在地农业农村主管部门或者动物疫病预防控制机构报告，并迅速采取隔离等控制措施，防止动物疫情扩散。其他单位和个人发现动物染疫或者疑似染疫的，应当及时报告。

接到动物疫情报告的单位，应当及时采取临时隔离控制等必要措施，防止延误防控时机，并及时按照国家规定的程序上报。

动物疫情由县级以上人民政府农业农村主管部门认定。其中重大动物疫情由省、自治区、直辖市人民政府农业农村主管部门认定，必要时报国务院农业农村主管部门认定。

在重大动物疫情报告期间，必要时，所在地县级以上地方人民政府可以作出封锁决定并采取扑杀、销毁等措施。

三、禽用疫苗接种质量管理规范（GVP）

蛋鸡场的免疫要严格按照禽用疫苗接种质量管理规范（GVP）执行。从疫苗接种前的准备，接种和接种后的评估，到全过程标准操作，保证禽用疫苗接种的安全、有效。

四、禽用疫苗的管理制度

1. 疫苗的采购和接收

（1）采购有良好口碑、管理规范的公司的疫苗，采购的疫苗应符合国家疫苗质量规定，适应本地的蛋禽的免疫要求。

（2）疫苗运输环境要符合疫苗冷链的运输要求。

（3）库管员应逐批、逐品种核对疫苗信息。包括疫苗名称、生产单位、批准文号、生产日期、有效期、种类、数量、包装完整性、疫苗性状等。

（4）填写《疫苗质量核对记录表》（表2）。接收合格疫苗，如果异常，拒绝接收。

表2　疫苗质量核对记录表

疫苗质量核对记录表									
日期	疫苗名称	运输方式	疫苗信息				疫苗质量			核对是否合格
		冷链运输是否正常	疫苗标签是否清晰	疫苗批准文号是否准确	是否在有效期	外包装是否完整	疫苗瓶是否完整	疫苗物理性状是否正常	

2. 疫苗出入库

（1）合格的疫苗，按照疫苗保存条件进行保存入库。填写《疫苗出入库登记表》。

（2）疫苗领用人员要凭借主管领导签字的《疫苗领用申请表》领取疫苗。

（3）疫苗管理员按照《疫苗领用申请表》上的疫苗名称、规格、数量来出库，并填写《疫苗出库管理表》。

3. 疫苗的保存

（1）要有专门的疫苗保存库来保存疫苗，要有性能稳定的设备储存疫苗。应当配备应急的冷藏包、冷藏盒、冰袋等。

（2）不同环境下保存的疫苗分别放在不同的储存设备，每天检查设备的运行状况。

（3）库管员应随时掌握疫苗的有效时间和储存性状。每月盘点库存。

五、免疫前的准备

1. 生物安全

（1）车辆在每次转场前必须彻底消毒，禁止将一个场的物品带入下一个场。

（2）入场人员按照场里的防疫要求进行洗澡，换防疫服、防疫鞋，走专门的消毒通道进场。

（3）入场物品按照浸泡、熏蒸、紫外等照射的方式消毒后方可入场。

（4）免疫后产生的疫苗瓶、针头及其他用具，应先消毒处理后，通过专业通道出场。

（5）免疫人员在免疫完成后，先洗澡再通过专用通道出场。

2. 免疫鸡群健康管理

（1）鸡群精神饱满、羽毛光亮、叫声高清脆、个体分布均匀。

（2）鸡粪软硬适中，呈条状或柱状，有少量白色尿酸盐沉积。

（3）鸡群近 3 d 的饮水和采食正常。

六、免疫方式和免疫技术

1. 禽用活疫苗质量管理规范

（1）点眼和滴鼻接种的管理规范

①适用于滴鼻点眼的活疫苗有鸡新城疫活疫苗、鸡传染性支气管炎活疫苗、鸡新城疫传染性支气管炎二联活疫苗、鸡毒支原体活疫苗、鸡传染性喉气管炎活疫苗等。

②点眼免疫：一手握鸡，用拇指和食指固定鸡头，控制眼睛面水平，滴疫苗的滴头与眼睛保持 1～2 cm 距离，滴一滴落入鸡眼睛，使鸡眨眼或停留 3 s。

③滴鼻免疫：一手握鸡，用拇指和食指固定鸡头，使鸡的一个鼻孔朝下，一个鼻孔朝上，食指堵塞鸡朝下的鼻孔，朝上鼻孔保持水平，滴疫苗的滴头与鼻孔保持 1～2 cm 距离，滴一滴落入朝上的鼻孔内，待鸡吸入疫苗后，将鸡放至指定位置。

④疫苗应现配现用，严格控制使用时间，一般不超过 60 min。

（2）饮水免疫接种

①适用于饮水免疫接种的疫苗有鸡新城疫活疫苗、鸡传染性法氏囊病活疫苗、鸡传染性贫血活疫苗。

②免疫前应清洗饮水管线，检查加药器的运行状态。

③根据当地的环境、天气、鸡群情况控水，夏季一般控水30 min，凉爽季节控水 1～2 h，成年鸡可以清晨不控水免疫。

④计算免疫鸡群的饮水量，免疫用水一般是每天用水的30％左右。

⑤先将疫苗稀释后，倒入水箱，搅拌均匀，打开阀门使疫苗液进入水线。

⑥打开水线末端，等有疫苗液流出，关上阀门。

⑦免疫结束，开启直饮水。

（3）刺种免疫接种

①适用于刺种免疫接种的鸡用活疫苗有鸡痘活疫苗、鸡痘禽脑脊髓炎二联活疫苗、鸡传染性喉气管炎鸡痘基因工程苗、鸡传染性贫血活疫苗。

②刺种器接种：首先将疫苗装入刺种器，将鸡的翅膀展开并固定，将刺种器的顶端顶住鸡翅内侧翼膜三角区皮肤，推动手柄使刺种针垂直刺穿翼膜三角区皮肤，松开手柄，刺种针回弹，完成接种。

③刺种针接种：将刺种针放入装有疫苗的刺种杯中，针槽充满疫苗液后，将刺种针轻靠刺种杯内壁，除去附在接种针上多余的疫苗液，将鸡翅固定，将接种针垂直刺穿鸡翅内侧翼膜三角区皮肤，完成接种。

④接种器或接种针严禁接触鸡的羽毛，不能伤及鸡的肌肉、骨骼、关节、神经和血管。如果接种时刺中鸡翼静脉，请马上更换接种器材。

⑤每接种完一瓶疫苗应立刻更换刺种针，保持刺种针的锋利。

（4）气雾免疫接种

①适用于气雾免疫接种的活疫苗有鸡新城疫活疫苗、鸡传染性支气管炎活疫苗、鸡新城疫传染性支气管炎二联活疫苗等。

②喷雾器疫苗桶内加入稀释液，连续按压压力杆，持续加压，调至 0.2 MPa，喷头距离地面或垫纸 40 cm，雾滴呈均匀分布。

③将稀释好的疫苗液倒入装有稀释液的量筒，再将量筒内的液体倒入喷雾器的疫苗桶内，使用搅拌棒搅拌均匀。

④计算免疫时间：$T=(B×W)/(F×N)$。B 是 1 000 只鸡的倍数，W 是 1 000 只鸡的饮水量（L），F 是喷头流量（一般是 0.64 L/min），N 是喷头数量。

⑤一人在免疫人员面前用木棍轻力敲打转运盘，使鸡只保持活跃状态，行进速度与免疫人员一致。

⑥免疫人员持续加压维持喷雾器的压力在 0.2 MPa。

⑦喷头距离鸡头 40 cm 上方均匀行进，需连续喷洒两遍。

⑧喷雾免疫结束后 10～15 min，再将鸡只放入指定区域。

⑨喷雾免疫的环境要求：温度 28～30℃，相对湿度 70%，光照强度 30 lx，空气良好，无风。

（5）滴口免疫接种

①适用于滴口免疫接种的鸡用活疫苗有鸡传染性法氏囊病活疫苗、鸡新城疫活疫苗。适用于各品种、各日龄的鸡。

②将稀释后的疫苗液装入手柄注射器，排出空气，连续推动手柄 10 次，将疫苗液打入量筒，读取刻度确定注射器的准确性。

③一手握鸡头，拇指和食指挤压鸡喙的两侧，使鸡张嘴，并将鸡头上仰呈 45°。

④推动注射器手柄，让疫苗液滴入鸡口，待鸡吞咽或停留 3 s 后，将鸡放入指定区域。

（6）涂肛免疫接种

①适用于涂肛免疫接种的鸡用活疫苗有鸡传染性喉气管炎活疫苗。适用于育雏期、育成期的鸡。

②将疫苗稀释好，放入指定烧杯。

③接种时，助手一只手抓鸡的双翅固定鸡只，一只手将鸡尾提起，将鸡的肛门露出朝向接种人员。

④接种人员用蘸好疫苗液的接种刷从鸡肛门慢慢插入泄殖腔，深度 1～2 cm，并顺时针旋转 2 圈再逆时针旋转 2 圈后拔出，完成接种。

⑤避免疫苗液落到鸡的羽毛、皮肤或者地面，造成污染。

（7）接种活疫苗出现的问题及解决方案

①免疫后无免疫反应：如果使用的疫苗过期或无效疫苗，请及时补种；如果接种方法错误，及时纠正接种方法补种。

②接种后出现呼吸道问题：根据鸡的日龄选择正确的疫苗；免疫鸡群应该健康，并且环境条件达标；禁止两种呼吸道疫苗一起使用；喷雾免疫时，选择优质喷雾设施并选择适合的喷头。

③免疫后肿眼流泪：选择合适的疫苗，并且不能加大剂量；严格按照操作规程接种。

2. 禽用灭活疫苗接种质量管理规范

（1）禽用灭活疫苗预温和摇匀

①用恒温水浴锅回温：设定温度 35℃，打开开关，将预

免疫苗放入水浴锅，盖上盖子，预温时间不低于 30 min。

②用温水辅助回温：取 45℃的水倒入保温箱，并设置温度计，将疫苗放入保温箱内，加盖。预温时间不低于 30 min。

③自然回温：将疫苗放置于待免疫鸡舍，不低于 5 h。

④将回温后的疫苗，充分摇匀，装上连续注射器，排空气体，校对注射剂量，连续推注射器 10 次，用量筒收集疫苗液，检查连续注射器的准确性。

（2）颈部皮下免疫接种

①将回温后的疫苗，充分摇匀，装上连续注射器，排空气体，校对注射剂量，连续推注射器 10 次，用量筒收集疫苗液，检查连续注射器的准确性。

②免疫人员一只手从鸡背后抓鸡，虎口朝向鸡头，食指和拇指轻捏鸡颈背后 1/3 处皮肤，使捏起皮肤跟鸡颈背部形成"立体三角区"，高度 0.5~1 cm，其他三指固定鸡只。另一只手持注射器，针头与鸡颈平行刺入"立体三角区"，推动手柄，注射疫苗。拔出针头，立刻按压注射部位，轻揉 1 s。

③免疫过程中，一定保持疫苗液均匀，每 30 min 摇匀一次。

（3）腹股沟皮下免疫接种

①助手一只手握鸡的两侧翅根，一只手托鸡身尾部，鸡尾部朝向免疫人员。

②免疫员一只手控制鸡腿，使跗关节外翻，用食指和拇指捏起腹股沟的无毛折叠区形成"立体三角区"。另一只手推动连续注射器，将疫苗液送入"立体三角区"形成的空腔，拔出针头。

③免疫过程中，一定保持疫苗液均匀，每 30 min 摇匀一次。

（4）胸部肌肉浅层免疫接种

①免疫人员一只手握鸡的两侧翅根，翻转，使鸡腹部朝上，头朝向自己。

②手持注射器手柄，针头朝向鸡尾，在鸡龙骨一侧肌肉丰满处，与肌肉呈15°～30°进针，注射深度1～1.5 cm，拔出针头。

③注射部位要准确，避免过深或过浅，避免穿透和拔针过快。

（5）翅根肌肉免疫接种

①免疫人员一只手握鸡的两侧翅根，翻转，使鸡腹部朝上，头朝向自己。另一只手持注射器，针头朝向鸡尾，在翅根肌肉丰满处刺入，注射深度1～1.5 cm，拔出针头。

②注射部位要准确，避免过深或过浅，避免穿透和拔针过快。

（6）腿部肌肉免疫接种

①助手握住鸡的两腿和两翅，使鸡侧卧，鸡腿朝向免疫人员。

②免疫人员握住待免鸡腿，用食指拔开鸡腿外侧羽毛，针头朝向鸡心，与小腿呈30°，刺入肌肉丰满处，进针1 cm。

③进针位置准确，防止扎到血管、神经、骨骼、关节等，禁止腿内侧接种，避免穿刺和拔针过快。

（7）接种灭活苗后常见问题与解决

①免疫后鸡群精神沉郁，不爱运动：原因可能是疫苗与预温不达标，局部产生炎症；接种剂量过大；接种过深等。要充分预温，精确免疫剂量，合理接种。

②接种后肿头：原因可能是注射部位靠近头部，向头部进针。要规范免疫接种。

③免疫后猝死：可能是因为接种到内脏或接种到颈静脉血

管。应严格免疫接种规范。

七、免疫监测

监测是用来评估鸡群是否具有有效的抗体和产生抗体的手段。包括抗体检测、环境检测、剖检检测、药敏试验。

1. 抗体监测

评估免疫效果，确定免疫时机，主要是对新城疫、禽流感、减蛋综合征、传染性法氏囊病等疾病的监测。

（1）育成期　60～70 日龄检测新城疫、禽流感 H5 和 H9、传染性法氏囊病抗体水平，了解免疫效果。

（2）产前期　100～110 日龄检测新城疫、禽流感 H5 和 H9 抗体水平，了解免疫前的抗体基础值。

（3）产蛋期　160 日龄检测新城疫、禽流感 H5 和 H9、减蛋综合征抗体水平，了解免疫效果。

2. 环境监测

环境监测主要是对空气、饮水、饲料、人员、车辆、物品等项目的监测。

3. 剖检监测

通过解剖病死鸡来监测鸡群的生长状况。包括正常死亡剖检、非正常死亡剖检、预测性剖检。

4. 药敏试验

当鸡群健康存在细菌威胁时，通过药敏试验可以快速准确地找到控制细菌感染的敏感药品，在短时间内用药，使鸡体迅速恢复健康。

八、推荐的散养蛋鸡免疫程序

推荐的免疫程序见表3。

表3　推荐可使用的散养蛋鸡免疫程序

免疫日龄	疫苗名称
1 日龄	马立克氏病活疫苗
7～9 日龄	新支流法四联灭活疫苗
7～9 日龄	新支二联苗
12～14 日龄	鸡毒支原体活苗
14 日龄	重组禽流感（H5＋H7）三价灭活苗
21 日龄	鸡痘活疫苗
21 日龄	滑液囊支原体灭活苗
28 日龄	新支二联苗
35 日龄	新流腺三联灭活苗
42 日龄	传染性鼻炎灭活苗
50 日龄	鸡传染性喉气管炎活苗
56 日龄	重组禽流感（H5＋H7）三价灭活苗
63 日龄	新支二联苗
70 日龄	滑液囊支原体灭活苗
91 日龄	鸡痘活疫苗
91 日龄	鸡传染性鼻炎灭活苗
98 日龄	鸡毒支原体活疫苗
105 日龄	新支二联苗
112 日龄	新支减流四联灭活苗
119 日龄	重组禽流感（H5＋H7）三价灭活苗

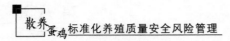

（续）

免疫日龄	疫苗名称
230 日龄	新支流三联灭活苗
240 日龄	重组禽流感（H5＋H7）三价灭活苗

注：①本表中疾病名称缩写：新——新城疫，支——鸡传染性支气管炎，流——禽流感，法——鸡传染性法氏囊病，腺——禽腺病毒4型，减——减蛋综合征。

②开产后，根据抗体检测数据，每隔3～4个月免疫一次禽流感疫苗。

③开产后，新支流灭活苗每4～6个月免疫一次。

④在接种鸡毒支原体和传染性鼻炎疫苗前3d、后7d禁止使用抗生素。

第 九 章

鸡蛋质量防控体系

一、鸡蛋质量安全风险隐患

在鸡蛋的整个生产过程当中，诸多因素会影响到鸡蛋的安全性，包括设备条件、场区内外环境、鸡群健康、疫病、饲料，以及鸡蛋分级、消毒及包装、收贮运条件等。任何一个环节不达标，生产出来的鸡蛋都不能称得上是"安全蛋"。

1. 设备条件

设备条件不仅影响到产蛋性能，还影响到蛋品质量安全。自动化蛋鸡设备全部启用电脑程序控制，自动调节进风口、氧气含量和湿度，保证鸡的健康生长和蛋品的安全性、高质量。另外，蛋鸡场内水线中饮水卫生的问题也是影响鸡蛋质量安全的一个重要原因。许多养殖场操作过程中，忽略了清洗供水管的工作，由于水箱内的水流动缓慢，日常清洗不够，很容易使供水管内壁受到微生物的污染，这都给鸡蛋的质量安全带来隐患。

2. 场区内外环境

场区内鸡粪和污水臭气污染物，鸡舍内外的蚊蝇、鼠害，鸡体内的二氧化碳，污物产生的氨气、硫化氢以及喂料时带来的粉尘和鸡体内的皮屑等，都会造成鸡舍内的空气污浊，从而影响鸡蛋的质量安全。场区外环境对鸡蛋的安全生产也有一定影响，比如工业"三废"的不合理排放和农药的滥用，都会引起大气、水体、土壤及动植物的污染，造成鸡蛋产品的不安全。

3. 鸡群健康

鸡群健康是生产安全鸡蛋的前提条件。患病鸡群，细菌或病毒在产蛋过程中可能会垂直传播到鸡蛋中，给鸡蛋质量安全带来隐患或产出软壳蛋等畸形鸡蛋。

4. 疫病

近年来，高致病性禽流感的发生，威胁着养殖业的发展，因此疫病也是影响鸡蛋质量安全的重大隐患。

5. 饲料

饲料对鸡蛋的组成成分、蛋壳品质、蛋黄颜色、蛋的味道影响较大，其中，饲料对鸡蛋中一些微量成分，比如维生素和微量元素的影响尤其明显。

6. 兽药及饲料添加剂

兽药和饲料添加剂在畜牧业生产中被广泛运用，大大降低了动物死亡率，缩短了动物饲养周期，促进了鸡蛋产量的增长和集约化养殖的发展。但由于不当或非法使用药物，过量的药物残留在动物体内造成兽药残留超标，严重影响鸡蛋质量安全。

7. 鸡蛋分级、 消毒及包装

随着人们对鸡蛋购买方式的改变，越来越多的人购买分级的、清洁的小包装鸡蛋。从鸡舍收集后的鸡蛋经过分级、清洁消毒和包装的过程，可有效减少致病菌的污染机会，保证了鸡蛋内容物的质量，能有效延长鸡蛋的贮藏时间。

8. 收贮运条件

鸡蛋在产出后，及时收集，会减少蛋壳表面微生物的数量。如果没有经过清洗消毒，鸡蛋随着贮藏时间的延长，蛋白会发生物理变化，也会发生化学变化，从而影响蛋内容物的质量。随着贮存时间的延长，卵蛋白中浓蛋白和稀蛋白的差异越来越不明显，直至浓蛋白消失，卵黄膜也因水分的大量进入或微生物的感染而失去弹性，出现散黄现象。

二、鸡蛋品质管理

1. 蛋的收集、 分拣、 消毒

①收集。鸡蛋产出后要及时收集，一般规模化散养蛋鸡场每天至少在早上 10∶00、中午 12∶00、下午 4∶00 收集 3 次。

②分拣。收集鸡蛋后将特大蛋、特小蛋、畸形蛋、污染蛋剔除，将鸡蛋大头朝上放入鸡蛋托盘。

③消毒。鸡蛋的消毒方法主要有次氯酸钠浸泡消毒和甲醛熏蒸消毒。

次氯酸钠浸泡消毒：先用 30℃ 的水清洗鸡蛋表面，再用 150 μg/mL 以上的次氯酸钠溶液浸泡 5 min 消毒，风干后再次进行筛选，将破损的鸡蛋进行淘汰。次氯酸钠消毒法安全有效，不会在鸡蛋表面形成有害残留，但需注意清洗时不可损坏蛋壳外膜，否则会降低鸡蛋保质期。

甲醛熏蒸消毒法操作方便，杀菌比较彻底，但是甲醛消毒气味大，不能自然排出，甲醛消毒带来的二次污染，也给养殖场带来环保压力，剩余的甲醛直接排入大气，造成对周围环境的直接污染。

2. 蛋的贮存

①蛋库应具备良好的温湿度控制与通风条件。鲜鸡蛋宜贮藏在 5～25℃库房中，湿度应不超过 65％。不同季节，温湿度波动超出宜贮藏温湿度范围时，应 24 h 运行空调或除湿机，以满足鲜鸡蛋适宜的贮藏温度、湿度要求。

②蛋库中鲜鸡蛋贮藏时间，夏季应不超过 3 d，冬季应不超过 5 d。

③库房应配备防虫、防鼠等设施和设备，禁止动物进入。

3. 蛋的运输

①鲜蛋包装与标识应符合 SB/T 10895《鲜蛋包装与标识》的规定。运输包装上应标明品名、生产日期、厂家或厂址、重量、等级标识、认证标识、贮存条件与方法、内包装类型和注意事项等。标识方式应符合 GB 7718《预包装食品标签通则》的要求。

②运输工具应专车专用，不应使用装载过化肥、农药、粪土及其他可能造成二次污染的运输工具。

③运输工具使用前应清理干净，必要时进行灭菌消毒。

④运输工具的铺垫物、遮盖物等应清洁、无毒、无害。

⑤搬运应轻拿轻放，堆码整齐，产品码放高度应不超过

2.4 m，高度达 2.0 m 时中间应加隔板，防止挤压和剧烈震动。

⑥鲜蛋运输必须配备防雨设施。

⑦根据运输途中的平均气温，采用合理的运输方式，运输方式参照 GB 8674《鲜蛋储运包装　塑料包装件的运输、储存、管理》执行。运输温度应满足贮藏温度要求。

第 十 章　蛋鸡场常用药物管理

一、蛋鸡场常用药物的分类

1. 抗菌药

（1）抗生素及半合成抗生素

β-内酰胺类：本类抗生素的化学结构含有 β-内酰胺环。主要包括青霉素类和头孢菌素类。常用药物有青霉素、氨苄西林、阿莫西林、头孢噻呋、头孢喹肟等。

氨基糖苷类：是由链霉菌或小头孢菌产生或经半合成制得的一类水溶性的碱性抗生素。常用品种有卡那霉素、庆大霉素、新霉素、大观霉素和安普霉素等。

四环素类：是由链霉菌产生或经半合成制得的一类碱性广谱抗生素。兽医临床上常用品种有土霉素、金霉素和多西环素等。

大环内酯类：是由链霉菌产生或经半合成制得的一类弱碱性抗生素，具有 14～16 元环内酯结构。兽医临床用品种有泰乐霉素、泰万菌素和替米考星等。

酰胺醇类：又称氯霉素类抗生素，属于广谱抗生素。兽医临床常用品种有甲砜霉素和氟苯尼考等。

林可胺类：是从链霉菌发酵液中提取的一类抗生素。兽医临床常用品种有林可霉素。

多肽类：是一类具有多肽结构的化学物质。兽医临床常用品种有杆菌肽、黏菌素、维吉尼亚霉素和那西肽等。

截短侧耳素类：是一类动物专用抗生素。兽医临床常用品种有泰妙菌素。

多糖类：本类抗生素主要包括阿维拉霉素和黄霉素。

（2）化学合成抗菌药

磺胺类：磺胺药是一类化学合成的抗微生物药。具有抗菌谱广、疗效确切、性质稳定、价格低廉、使用方便等优点，但是抗菌作用较弱、不良反应较多、细菌易产生耐药性，用量大、疗效偏长等。抗菌增效剂能使磺胺药的抗菌效力增强。兽医临床常用品种有磺胺嘧啶、磺胺二甲嘧啶、磺胺间甲氧嘧啶、磺胺氯达嗪钠等。

喹诺酮类：本类药物对临床多种重要病原菌具有快速杀灭作用，并且可以通过多种途径给药（内服、饮水、肌内注射）。临床应用十分广泛，主要包括恩诺沙星、环丙沙星、二氟沙星、沙拉沙星、氟甲喹等。

2. 抗寄生虫药

（1）抗原虫药

抗球虫药：抗球虫药的种类很多，作用在球虫发育的不同阶段各不相同。作用于第一代裂殖生殖的药物，如氯羟吡啶、离子载体抗生素等，预防性强，但不利于动物机体形成对球虫的免疫力；作用于第二代裂殖体的药物，如磺胺喹噁啉、磺胺氯吡嗪、尼卡巴嗪、二硝托胺，既有治疗作用，又对动物抗球虫免疫力的形成影响不大。兽医临床常用药物有地克珠利、磺胺喹噁啉、磺胺氯丙嗪、妥曲珠利等。

抗组织滴虫药：兽医临床常用药物为甲硝唑、地美硝唑。

抗鸡住白细胞虫药：兽医临床常用药物为磺胺间甲氧嘧啶。

（2）驱线虫药　兽医临床常用药物为阿苯达唑、芬苯达唑、左旋咪唑、枸橼酸哌嗪等。

（3）抗绦虫药　兽医临床常用药物为氯硝柳胺、吡喹酮。

（4）杀体外寄生虫药　兽医临床常用药物有氰戊菊酯、甲基吡啶磷、环丙氨嗪。

3. 其他类药物

（1）解热镇痛药　兽医临床常用药物为卡巴匹林钙。

（2）调节组织代谢药　兽医临床常用药物有维生素 A、维生素 D、维生素 AD 油、复合维生素 B、泛酸钙、维生素 C、亚硒酸钠维生素 E。

（3）消毒防腐药　兽医临床常用药物有酚类、醛类、季铵盐类、碱类、卤素类、氧化剂类。

（4）中兽药　兽医临床常用药物有扶正解毒散、板青颗粒、镇咳散、白头翁散、球虫散、驱虫散等。

（5）免疫调节药　兽医临床常用药物有黄芪多糖、紫锥菊口服液、参芪散等。

（6）微生态制剂　兽医临床常用药物有枯草芽孢杆菌、双歧杆菌、乳酸菌等。

（7）疫苗　经批准鸡场可使用的疫苗有禽流感疫苗、鸡新城疫疫苗、鸡马立克氏病疫苗、鸡传染性法氏囊病疫苗、鸡传染性支气管炎疫苗、鸡毒支原体疫苗、鸡传染性鼻炎疫苗等。

二、兽药购买与领用

（1）用于疫病诊断、预防及治疗的试剂、兽药及其他生物制品的购买应按照 NY/T 5030《无公害农产品　兽药使用准则》的购买要求执行。

（2）采购兽药时，需要供货方（生产企业）提供营业执照、兽药生产许可证、兽药 GMP 证书、产品批准文号复印件；（经销商）提供营业执照、兽药经营许可证、销售代理授权书。

（3）每采购一批次兽药前，通过二维码查询结果与国家兽药追溯系统核对，核对正确后再确认采购。

（4）养殖场应制定并执行兽药出入库管理制度，完整记录购入、领用及库存等信息，记录内容包括兽药通用名称、含量规格、数量、批准文号、生产批号、生产企业名称等，内容准确，可追溯。

（5）每领取一种兽药，要在出库单上登记领用药品的名称、规格、生产企业、数量、领用人签名。

三、兽药的贮存

一般兽药都应按《中华人民共和国兽药典》或《兽药产品说明书范本》中该药所规定的贮存条件进行保存。兽药应该贮存在阴凉处保存，一般指室温不超过 20℃，如抗生素的存放。储藏室要求干燥通风。生物制品需要冷藏保存，灭活疫苗应保存在 2～8℃的冷藏柜；弱毒疫苗应保存在 -15℃以下的冰箱，且冰箱不能有除霜和杀菌功能。冰箱必须持续供电，所以要求兽药储藏室要备有发电装置。为了避免兽药贮存时间过长，必须掌握"先进先出，易坏先出，有效期近先出"的出库原则。

四、蛋鸡场兽药的合理使用

（1）兽药的使用原则：尽量减少用药，确需用药，兽医指导。

（2）雏鸡药物的使用可以参照肉鸡相关规定执行，尽量减少抗生素药物的使用，禁止对健康鸡只使用抗生素，建议采用中兽药进行相关疾病的防治。

（3）中兽药制剂购买和使用应符合 NY/T 5030《无公害农产品 兽药使用准则》规定，其质量应符合《中华人民共和国兽药典》要求。

（4）购买中药制剂时选择正规的生产厂家，并进行中药质量监控，防止中药中隐性添加的化学药物成分影响产品质量安全；微生态制剂应符合《饲料添加剂品种目录》的规定。

（5）兽药使用应按照产品说明操作，处方药应按照执业兽医师出具的处方执行。

（6）不得使用过期药品和人用药品，不得直接将原料药用于蛋鸡。

（7）建立兽药采购记录和用药记录，用药记录包括用药蛋鸡的批次和数量、兽药产品批号、用药总量、用药开始和结束日期、休药期、药物管理者姓名，应保管使用说明书；采购记录应包括产品名称、购买日期、数量、批号、有效期、供应商和生产厂家。

（8）药物的贮藏应符合药物使用说明书的要求。

（9）应严格遵守休药期的规定。

五、兽用抗菌药使用减量化

1. 养殖场兽医人员的配置

（1）养殖场兽医的要求　养殖场一般配备执业兽医师或乡村兽医或大专以上兽医专业人员，或应有其他稳定、可靠的兽医技术服务。

（2）兽医具备的能力要求　兽医人员应具备依据动物行为表现、发病症状、临床检查和必要的病理剖检等做出初步诊断的能力。

（3）兽医合理使用抗菌药的要求　兽医人员能依据动物发病状况、用药指征和药物敏感性结果合理选择抗菌药，并制定用药方案。

2. 养殖场的诊疗要求

（1）诊疗所和基本设备要求　养殖场一般应设有兽医人员办公及诊疗、化验的场所，应配备与开展一般诊疗、化验工作相适应的设施、设备。

（2）实验室要求　能够开展常规的临床检验、生化检验和必要的血清学检验工作。

（3）基本服务要求　具备必要的病理学诊断和药敏试验。

3. 生物安全保障

（1）养殖场选址与内部区划隔离应科学合理，能对禽舍环境进行控制。养殖场与交通干线、居民区、屠宰场及其他养殖场有一定距离；场区内净道与污道无交叉；能有效控制禽舍环境。

（2）具备可靠的消毒设施。车辆、人员通道，生产区入口，禽舍入口等关键位置均应设有消毒设施。

4. 养殖场基本制度

（1）生物安全管理制度　有可靠的粪污及病死动物无害化处理设施。应有生物安全管理制度，基本内容包括车辆、人员、物料进出管理、动物引进、消毒管理、环境卫生、饲养员管理、免疫计划落实、病死动物剖检及无害化处理等。

（2）兽药供应商评估制度　基本内容包括不同供应商产品质量、疗效、性价比及不良反应等的评价。

（3）兽药出入库管理制度　应有兽药出入库管理制度，基本内容包括出入库登记、分别按流水和品种建账、凭单出入库及凭证存档、定期盘库、盘存账物平衡、上传二维码、抗菌药（包括加药饲料）专账管理等。

（4）兽医诊断与用药制度　基本内容包括兽医岗位职责、兽医工作规范、国家制度落实（禁用药管理、处方药管理、兽医处方管理、休药期管理）以及规范用药相关内容。

（5）记录制度　一是明确应建立记录的岗位、环节、事件；二是保证记录的准确性和真实性，要求做到可查找、可统计、可追溯；三是记录管理，如要有责任人签名、存档时间等。

（6）其他制度　除上述制度外，还应配套其他的制度，如卫生制度、免疫接种制度、饲料及饲料加工、档案管理等。

5. 相关记录

（1）兽用抗菌药出入库记录　所有兽用抗菌药（包括加药

饲料）的购入、领用及库存，均应有完整的记录，记录内容应包括兽药通用名称、含量规格、数量、批准文号、生产批号、生产企业名称等；应做到账物平衡。

（2）兽医诊疗记录　应有完整的兽医诊疗记录，记录内容主要包括动物疾病症状、检查、诊断、用药及转归情况；病死动物或典型病例剖检记录，包括大体剖检和必要的病理解剖学检查；药物敏感性试验记录；抗菌药的使用应有兽医处方记录，包括用药对象及其数量、诊断结果、兽药名称、剂量、疗程和必要的休药期提示。

（3）用药记录　应有完整的用药记录，重点是兽用抗菌药，包括加药饲料、用药记录应翔实，应具体到品种、规格、使用量和用药次数，且与兽医处方、药房用药记录一致。

（4）其他记录　如环境卫生、消毒、人员及车辆出入、疫苗接种等，各项管理制度能得到有效的落实。

6. 抗菌药的减量行动

（1）单位产品抗菌药的使用量应控制在规定水平　按生产每吨鸡蛋，所使用的抗菌药应控制在 100 g。

（2）具体措施　科学的预防免疫，合理地使用中药产品、免疫增强剂或其他替代产品。

（3）减量行动试点前后对比　单位产品用药量应有所降低。

（4）试点前后养殖效益的对比　对试点前后一定时段内（各 12 个月以上）养殖场死淘率、主要疾病的发病率、用药成本等情况进行比较分析。

（5）制定减抗方案　制定三年减抗方案并积极组织实施，定期开展自查和自我评价。

无害化处理的规范化、制度化、常态化，是防止蛋鸡疫病传播扩散，保障蛋鸡健康养殖和蛋鸡产品质量安全的关键。

一、无害化处理制度

（1）遵守国家病死或死因不明动物处理规定，不随意处置、出售、转运、加工和食用病死或死因不明的动物。

（2）发生重大动物疫情时，服从重大动物疫病处置决定，扑杀染疫动物或同群动物，对病死、扑杀的动物和相关动物产品、污染物进行无害化处理；无害化结束后，对鸡舍、用具、道路等进行彻底消毒，防止病原传播。

（3）病死鸡一律委托当地病死动物处置单位做无害化处理。

（4）按规定做好病死鸡无害化处理记录，技术管理员要详细记录数量、原因、方法、时间等，并对处理结果负责。

（5）定期做好养殖废弃物的收集、处理。定期做好对鸡粪的无害化处理、打包、出售。

（6）场内排水系统实行雨水和污水收集系统分离，污水收集系统采取暗沟布设，经污水站生态处理后纳管排放。

二、无害化处理方法

1. 病死鸡的无害化处理

应设置隔离间专门存放病死鸡，并使用专门的器具，隔离间或器具应易于清扫消毒，病死鸡的处理应符合 GB 16548《病害动物和病害动物产品生物安全处理规程》的要求。

（1）焚烧　将病死鸡集中后，送往专门的无害化畜禽处理站，进行焚毁。

（2）深埋　掩埋应远离学校、公共场所、生活区、动物养殖场和屠宰场、水源地、河流等；坑底铺 2 cm 生石灰，动物产品上层应距地表 1.5 m 以上。掩埋后要用消毒药水喷洒消毒。

2. 产品废弃包装的无害化处理

（1）所购产品到货后，经场外统一消毒，拆除外包装，外包装集中摆放回收。

（2）活疫苗使用后，空玻璃瓶由高浓度的消毒药浸泡，然后用塑料袋收集后放到场区指定地点，统一回收处理。

（3）疫苗瓶的铝盖、胶盖均集中后统一回收。不能在场区随处见到各类疫苗包装物。

3. 污物、污水、废气的无害化处理

对污物、污水的处理要符合 GB 18596《畜禽养殖业污染物排放标准》。

（1）鸡粪的处理

①降低鸡粪内污染物的含量。一是通过均衡调配氨基酸的

比例、使用膨化饲料、添加蛋白分解酶来降低鸡粪中氨的含量；二是在饲料里添加植酸酶来降低鸡粪中磷的含量；三是在饲料中添加益生菌来降低鸡粪中氨气；四是使用有机微量元素来降低鸡粪中重金属的含量。

②鸡粪的发酵池处理。工业化处理首先要建立一座封闭防渗漏的沼气池，厌氧菌的发酵作用会将排入沼气池的粪污酵解，酵解所产生的沼气可以作为日常生活中的取暖能源，剩余的沼渣和沼液可以作为肥料回归农田。

③发酵罐处理。发酵罐采用箱体多层结构，以鸡粪为主要原料，添加高温菌种及辅料，经高温发酵灭菌处理，4 h 达到整体除臭，6 h 杀灭病原微生物、虫卵，防止病毒扩散，净化养殖环境，48 h 快速出肥，经发酵后的有机肥符合国家标准，可还田再利用。

（2）污水的处理　鸡场污水通过排污管道排入污水处理池，经 SBR（序列间歇式活性污泥法）一体化污水处理技术综合处理，达标后纳入政府污水管网。

（3）降低有害气体排放　鸡场空气质量应符合 NY/T 388《畜禽场环境质量标准》的规定，蛋鸡场空气中氨气、二氧化碳、硫化氢、PM10、TSP、恶臭都应符合规定的标准：①合理安装通风设施；②加强通风换气；③饲料里添加合适的复合酶和微生态制剂；④化学结合法降低鸡舍有害气体。

（4）生活垃圾　对于鸡场内的生活垃圾，应集中存放于场内的垃圾桶内，每天两次定时运输至指定地点，由当地政府生活垃圾处理站进行处理。

第十二章 散养蛋鸡场人员管理制度

一、场长职责

（1）负责部门年度计划的制定。根据要求，结合蛋鸡场年度发展目标，制定部门年度生产计划、费用预算、人员配备、人员培训计划。

（2）负责部门各项计划、任务的落实。将年度生产计划、目标、任务分解落实到蛋鸡场，对分解至蛋鸡场的计划、任务实施情况进行跟踪检查。

（3）生产过程的监控。负责对蛋鸡整个饲养过程的监督和检查；制订和实施预防措施，确保部门各项目标的实现。

（4）人员管理。根据生产需要及时调整人员配备，监督和协调下属的工作，对下属工作进行指导和培训；检查下属的工作业绩，提高工作效率。

（5）目标考核。根据部门的年度目标，制订本部门人员绩效考核办法，并组织实施。

（6）业务管理。负责对蛋鸡饲养管理方案的制订、修改、组织、实施、检查、监督；监督鸡场做好卫生、防疫、疫苗接种工作。

（7）日常管理。制订和完善本部门的各项规章制度并组织实施；做好部门考核工作；负责本部门安全生产、环保等日常管理工作的落实和检查。

（8）及时完成上级主管交办的各项工作，及时汇报并处理突发事件。

（9）根据实际情况拟定鸡只的淘汰计划。

（10）分析生产统计数据，总结各批次鸡的生产成绩。

二、饲养员职责

（1）每日定时观察鸡群状况，确保不断水，不断料；密切关注天气变化，及时调整温控、通风设备，确保天气变化不影响室内温度。不定期在熄灯后"听鸡"掌握鸡群的呼吸情况。观察鸡群采食、饮水、粪便、鸡蛋的细微变化。做到及时发现，及时汇报，及时处理。

（2）了解蛋鸡生长的基本知识。

（3）做好生物安全工作，定期开展鸡场室内外消毒工作（室内隔天消毒1次，室外每周2次，特殊情况每天1次）。每天更换鸡舍门口消毒水，外出鸡场必须更换工作服，返回后，应沐浴、更衣、消毒后方可进入鸡舍。

（4）搞好鸡舍及运动场地的卫生工作。

（5）每天及时清理鸡粪，尽量减少空气对鸡的影响。每周至少冲洗水管1次，必要时随时冲洗。

（6）育雏舍在育雏期间，实行封闭式管理，进出封闭区域必须洗澡、消毒。

（7）每天工作应做好记录，记好台账，提出建议。月底工作应有总结。

三、兽医职责

（1）蛋鸡场的兽医应持证上岗，应持有执业兽医师资格证书。

（2）根据公司的生产要求，制定蛋鸡场的生物安全体系、卫生防疫措施，检测防疫的效果。

（3）制定合理的蛋鸡免疫程序，并组织员工落实和改进卫生防疫方案，保证蛋鸡生产性能。

（4）跟饲养员沟通，及时掌握蛋鸡的生产情况。

（5）负责清洗消毒工作的检查。

（6）负责鸡场的疾病诊断和用药指导。管理好药房，合理开具处方药。

四、安全员职责

（1）认真贯彻执行国家有关安全生产、消防、环保、职业健康的方针、政策、法规，以搞好安全生产管理工作为首要职责。

（2）组织安全生产活动，宣传安全生产法规，提高全体施工、生产人员的安全生产意识。

（3）在安全生产和文明生产检查中，发现隐患要及时纠正。

（4）重视员工的安全生产教育，定期进行安全学习。

（5）认真接受上级有关部门的检查和指导，认真对待提出的整改意见。

五、外访人员管理

（1）外来人员进入场区要在门卫登记信息。

（2）外来人员要先经过大门口的消毒室进行充分消毒才能进入场内办公区。

（3）外访人员不得进入生产区，如有业务、生产需求，可在来访室借助监控观看生产情况。

第十三章

产品质量追溯管理

一、原料、包装材料、成品标识方法

1. 原料

原料蛋在鸡舍内收集好后，根据不同鸡群分开，转运至蛋品车间时，工作人员将收集好的原料蛋按照相应规格码好。每垛原料蛋上填写标识卡，标识卡内容包含鸡群、产蛋日期、数量，由养殖场保管。原料蛋转运至车间后，车间原料蛋保管根据标识卡和原料蛋相关标准验收入库，系统确认。

2. 包装材料

每批包装材料到货用标识卡标识包装材料，标识卡上注明包装材料入库批号（即包材收货日期）、品名、规格、数量、产地。包装材料原则上单次采购同一个生产日期。包装材料出库由领用人在标识上标识领用日期、数量、结存。

3. 成品

每件成品在纸箱外有如下标识：品名、净重、产品规格、产品标准、保质期和生产日期。每枚鸡蛋喷印简易品牌名称和追溯码。每批成品建立标识卡，注明品名、规格、数量、批号。成品出库在发货记录单上注明发货地点、时间和数量。

二、生产过程中的管理

1. 原料蛋管理

原料蛋收集时，收完一个鸡群再收另外一个鸡群，不能将两个鸡群的鸡蛋混在一起。操作人员根据不同鸡群的鸡蛋告知喷码和打包人员，相关人员根据鸡群信息更改产品标识信息，将原料蛋信息直接转化成成品信息。

原料蛋收集好以后转运至车间生产的，按鸡群号进行生产。原料蛋使用时填写生产日报表及原料领用单。由车间品管员对原料蛋使用进行安排。针对每个鸡群号分别编制喷印信息。

2. 包装材料及其他辅料管理

每次到厂的包装材料及其他辅料依照到货日期和批次号，码放在指定地点，车间领用时依照批次号，按先进先出原则领用，领取时在标识卡上下账。

3. 生产现场管理

分选、光检、装箱岗位挑选出的次品蛋由所在岗位集中放置，待单栋舍包装完，清点记数后使用纸条标识日期，压在最上层蛋盘鸡蛋下即可转入次品放置区。品管员和保管员监督。当班生产情况应由车间当班人员填写生产日报表。

4. 成品管理

市售产品按品种、规格、批号分区存放，由计量人员做好标识卡。成品发货时依据先进先出的原则发货，并在成品标识卡上标注发货日期、数量、客户。保管员发货时填写发货记录单，记录车辆卫生检查情况、发货品种、数量、批次、市场等信息。

三、不合格品贮存与管理

（1）生产过程中发现的外观不合格的蛋品由生产人员挑选出，并做好标识，当批生产结束后转入次品放置区。

（2）包装材料验收过程中发现的不合格品，直接退回生产厂家。使用过程中发现的不合格品，放置在包材仓库"不合格品区"，由供方退换。

（3）不合格成品放置在"不合格品区"，等待评审结果再做处理。

第十四章

档案管理

蛋鸡场档案直接反映了鸡场的基础信息，对于蛋鸡场产品的安全至关重要，因此养殖档案的保留很重要。

一、档案管理制度

（1）设置档案专卷专柜，并专人管理。

（2）对生产和防疫各个环节及时、准确、如实记录。

（3）养殖档案管理人员及时收集、汇总、分析，并按类别、时间等归类装订成册。

（4）按照无公害生产标准要求，审核生产记录，对于存在的问题及时向场长汇报，以便及时纠正。

（5）每项档案应至少保留 2 年。

二、蛋鸡场的档案

（1）引进雏鸡所需保留的档案　种禽生产经营许可证、检疫证明、采购合同、接种证明等。

（2）各阶段养殖管理档案　雏鸡的养殖管理档案、育成鸡的养殖管理档案、蛋鸡的养殖管理档案（包括品种、日期、数量、日龄、存栏、用药、死亡、淘汰、耗料率等）。

（3）饲料的管理档案　饲料的采购档案、饲料的使用档案（饲料添加剂、兽药）。

（4）兽药管理档案　兽药采购记录（品名、生产企业、批准文号、生产日期、经销企业资质等）、兽药使用记录（处方药要保留兽药处方、兽药名称、生产企业、使用鸡群批次、数量、时间、停药期等）、免疫接种档案记录。

三、鉴别兽药真伪

（1）通过产品的外包装标签说明书内容识别　兽药包装说明必须内容清晰，书写规范。标签内容应注明兽用标识、兽药名称、主要成分、适应证（或功能与主治）、用法与用量、含量/包装规格、批准文号或《进口兽药登记许可证》证号、生产日期、生产批号、有效期、停药期、贮藏、包装数量、生产企业信息、二维码、是否处方药等内容。假兽药的外包装不规范，不注明通用名、适应证范围，没有停药期，生产产地错误等。

（2）通过二维码鉴别兽药　首先登录国家兽药信息网，进入国家兽药产品追溯信息系统，手机下载养殖场使用的国家兽药综合查询 App，通过国家兽药综合查询 App 扫描兽药标签上的二维码查询真伪。如果查询结果与所查询兽药上的信息对应，说明是真兽药，反之，是假兽药。

（3）通过临床使用判断真伪　使用过程中观察兽药的性状（颜色、颗粒、味道等）与以前使用的有无差别，判断真伪；另一方面通过使用效果对比，来判断真伪。

四、蛋鸡强制免疫信息管理

1. 目的

农业农村部为进一步推动强制免疫补助政策落实，全面落实养殖场户防疫主体责任，以电子免疫档案为抓手，实现动物疫病强制免疫管理信息化。

2. 小程序的功能（以"牧运通"为例）

（1）养殖场（户）管理

养殖场（户）注册：由养殖场户通过"牧运通"微信小程序自助注册养殖场（户）基本信息，乡镇管理员进行初审，县级管理员进行终审。

养殖场（户）查询：可对养殖（户）按动物种类、存栏量、出栏量、养殖场类型等进行查询和分类汇总。

养殖场（户）GIS管理：强制免疫管理小程序提供定位自动采集功能，养殖场（户）注册时，在GIS地图上自动标注养殖户位置。

（2）免疫管理

疫苗管理：由养殖场（户）通过微信小程序扫描疫苗追溯二维码上传疫苗入库信息，生成疫苗库存台账。

免疫录入：选择疫苗库存或一次性扫描疫苗追溯二维码登记疫苗使用信息，生成动物疫病免疫档案。

（3）强制免疫补助管理

补助信息录入：由养殖场（户）通过微信小程序自主申报补助信息。

补助审核：补助审核由乡镇管理员进行初审，县级管理员进行终审。地市、省级对补助信息进行查询、统计。

补助查询：各级用户按权限对补助信息进行模糊查询和分类汇总。

（4）数据汇总统计

疫苗使用情况汇总管理：对全国禽流感疫苗使用情况按周、月进行汇总，按照行政区域进行统计，可从全国查询到省、地市、县。

疫苗补助情况汇总管理：对疫苗补助情况进行汇总，按照行政区域进行统计，可从全国查询到省、地市、县。

（5）基础数据管理

省级管理员对本辖区疫苗补贴种类、补贴方式、补贴系数、补贴金额、承诺书样式等基础数据进行管理。

第十五章　绩效管理

根据 2012 年国务院《关于加强食品安全工作的决定》的相关规定，食品安全纳入地方政府年度绩效考核内容，并将考核结果作为地方领导班子和领导干部综合考核评价的重要内容。

实行农产品质量安全绩效管理考核，是切实转变政府职能，深化行政体制改革，创新行政管理方式的内在要求，更是体现政府治理现代化的重要标志。农产品质量安全绩效管理的基本原则：科学合理、公正透明、多方参与、协同推进、奖优罚劣、持续改进。绩效考核方式采用上级组织考核与公众参评相结合，主要是工作目标完成与否、实施中投入成本多少、取得成效大小以及对经济社会发展、稳定和生活水平改善的贡献程度。农产品质量安全是"产"出来的，也是"管"出来的。因此，农产品质量安全绩效管理考核的内容也主要从两方面来体现。

一、绩效考评细则

绩效主要从质量管控、标准化生产和社会评价三方面来进行评价。

1. 质量管控

（1）政府、部门与主体责任落实。

（2）农产品质量安全检测、监测。

（3）农业投入品监管。

（4）专项整治。

（5）追溯管理。

（6）长效制度建设。

（7）应急处置。

2. 标准化生产

（1）主要农产品生产的规模化程度。

（2）主要农产品"三品一标"的认证比例。

（3）标准化生产程度。

（4）农作物病虫害绿色防控、农药减量与种植、养殖废弃物无害化处理。

3. 社会评价

（1）公众宣传。

（2）投诉举报。

（3）公众满意度。

二、考评档案准备

根据考评办法，将农产品质量安全水平监管资料分档整理，如组织领导、体制机制、队伍建设、政策扶持、农产品生产经营主体责任与行为规范相关制度、农业标准、农产品认证与品牌建设、科普宣传培训、质量安全监管与检测、农业违法行为调查处理、社会共治参与等工作文件及资料或图像、声像资料，所有相关资料应归档整理成册，便于查找。

三、蛋鸡养殖标准化示范场现场考核评分标准

可参考表4的示例。

表4 蛋鸡养殖标准化示范场现场考核评分标准（示例）

考核项目	考核细目	考核具体内容及评分标准	记录	得分
产地环境（10）	选址科学（6分）	有养殖基地位置图、养殖场所布局平面图，得1分；有相关环评手续和土地备案手续、防疫条件合格证，得3分；无噪声、臭气、污水等污染，得2分。		
	场区布局（2分）	布局合理，有功能区示意牌、指示标志牌，生产区内各功能区块之间划分明显，得1分；生产资料存放、生产、贮藏以及环保设施齐全、措施完备，得1分。		
	生态化（2分）	实施生态种养结合，能够实现废弃物循环利用的，或者具有农业废弃物处理设施设备并能正常使用的，或者委托有资质的处理机构、有正式协议、运转正常的，得2分。		
农资管理（10分）	生产资料（2分）	提供布局图，有专门存放仓库或相关设施，得1分；投入品分类摆放，标记清晰，整齐有序的，得1分。发现有违禁投入品以及过期农业投入品的，该项不得分。		
	记录完整（6分）	养殖投入品来源（生产公司）正规，保留采购记录（生产企业、产品名称、数量等）或者发票的，得2分；使用记录内容（使用时间、用药作物、药品名称、用药量、用途等）全面完整的，得2分；所有记录保存3年以上，得2分，不满3年的不得分。		

（续）

考核项目	考核细目	考核具体内容及评分标准	记录	得分
农资管理（10分）	引种（2分）	从有生产经营许可证的种禽场引种并保留相关记录，得2分。		
标准生产（50分）	符合标准（5分）	相关生产技术施行国际标准、国家标准或行业标准的，得3.5分；施行省级地方标准的，得4分；施行市、县级地方标准的，得4.5分；施行企业标准或团体标准的，得5分。此项不累计，取较高的一项得分。		
	生态化、智能化（9分）	蛋鸡养殖基地：养殖、环控、自动喂料、机械清粪等设施有效运行，得2分；使用先进养殖技术或者主推技术，得3分；建有智慧养殖数据平台并运用自动监控系统实时调控的，得4分。		
	合理用药（9分）	采购的兽药有证有文号，得3分；不超范围、不超剂量使用兽药，严格执行休药期，得3分；在兽药减量等使用方面的技术创新获得省级以上单位认可的，得3分。使用违禁药物、成分和假冒伪劣兽药的，该项不得分。		
	技术人员（6分）	有专职高级专业技术证书的人员每人得2分，有中级证书的每人得1分，有初级证书的每人得0.5分，有高素质农民证书的每人得0.3分，同一人不重复计分，总计不得超过3分；科研成果获得县级以上奖励的，每项得1分，总计不得超过3分。		
	产品认证（8分）	产品通过绿色食品、有机产品或者地理标志产品认证且在有效期内；或评为美丽牧场的养殖场。通过其中一项认证或评定得4分，总分不得超过8分。		
	制定标准（4分）	作为标准第一起草单位的每项得1分，第二起草单位的每项得0.5分，作为其他参与起草单位的每项得0.2分，总分不得超过4分。		

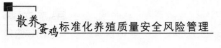

（续）

考核项目	考核细目	考核具体内容及评分标准	记录	得分
标准生产（50分）	商标注册（5分）	有注册商标或有经注册的农产品品牌，产品包装明确生产执行标准的，得2分；品牌（商标）注册10年以上的，得2分，获得省以上名牌农产品称号的再得1分；品牌（商标）注册3年以上、不满10年的得1分，获得省以上名牌农产品称号的再得1分；品牌（商标）注册不满3年但获得省以上名牌农产品称号的得1分。		
	可追查（4分）	有销售记录，做到去向可追查的，得2分；有专门售后服务制度并落实的，得2分。		
产品安全（20分）	可追溯（3分）	生产主体纳入省级农产品质量安全追溯平台管理，得3分。		
	抽查合格（4分）	产品三年内未被抽检，该项不得分。产品抽检均合格，得2分。实施"一证一码"等为主要形式的合格证，得2分。		
	定期检测（3分）	建有内部检测实验室并开展定量检测，结果记录完整的；或者定期送第三方检测机构检测并保存检测记录的，得3分。		
	质量管控（5分）	建有农产品质量安全风险管控制度并配有质量管理员，得2分；针对自身产品特点实行"一品一策"或者"一企一策"管理体系，建有农产品质量安全标准化生产记录的，得3分。		
	质量标准（5分）	质量指标严于国家标准及国际标准的，每项得1分，总分不超过5分。		
生活经济效益（10分）	辐射带动（5分）	通过建立合同合作、股份合作等利益联结方式带动乡镇范围同行业生产大户不到50%的，得2分；带动规模50%～80%，得3分；80%以上的，得5分。或者建立产学研合作基地或科普示范基地，单项得1分，获批市级以上基地得2分，总分不得超过5分。		
	绿色生产（5分）	相关技术获得县级以上奖励，得1分；获得市级以上奖励或示范试点，得3分；获得省级以上标准化生产奖励或示范试点，得5分。此项不累计，取较高的一项得分。		

（续）

考核 项目	考核细目	考核具体内容及评分标准	记录	得分
加分项 （10分）	精细管理 （5分）	实施卓越绩效管理、GAP 或者 ISO 9001 等质量管理体系且在有效期内的，得 5 分。		
	标准化 示范 （5分）	开展国家级农业标准化试点示范，得 5 分；开展省级农业标准化试点示范，得 4 分；开展市级农业标准化试点示范，得 3 分；开展县（区）级（区）农业标准化试点示范，得 1 分。		
总分				

　　说明：各项考核内容进行量化打分时视质量差酌情扣分，单项内容最低分为 0；省级畜牧行政主管部门可结合本地区实际，细化考核评分标准。

主 要 参 考 文 献

杜鹃，2014. 散养鸡场地规划和建设［J］. 中国畜禽种业，8：143-144.

纪守学，周丽荣，2021. 散养蛋鸡饲养管理［M］. 北京：化学工业出版社.

刘益平，2019. 果园林地生态养鸡与疾病防治［M］. 北京：机械工业出版社.

孟繁荣，杨立军，孙艳辉，2015. 散养鸡的饲养及注意事项［J］. 国外畜牧学—猪与禽，35（9）：50-52.

荣光，2018. 蛋鸡饲养管理与疾病防治问答［M］. 北京：中国农业科学技术出版社.

王凤山，2014. 散养蛋鸡实用养殖技术［M］. 北京：中国农业科学技术出版社.

吴荣富，2014. 鸡场消毒关键技术［M］. 北京：中国农业出版社.

杨艳玲，2009. 鸡饮水器的清洗方法［J］. 中国家禽，31（1）.

曾振灵，郭晔，2018. 蛋鸡场兽药规范使用手册［M］. 北京：中国农业出版社.

国家环境保护总局，国家质量监督检验检疫总局，2001. GB 18596—2001 畜禽养殖业污染物排放标准［S］. 北京：中国农业出版社.

中国人民共和国农业部，1999. NY/T 388—1999 畜禽场环境质量标准［S］. 北京：中国农业出版社.

中华人民共和国农业部，2004. NY/T 33—2004 鸡饲养标准［S］. 北京：中国农业出版社.

中国人民共和国农业部，2008. NY 5027—2008 无公害食品 畜禽饮用水水质［S］. 北京：中国农业出版社.

中国人民共和国农业部，2006. NY 5032—2006 无公害食品 畜禽饲料和饲料添加剂使用准则［S］. 北京：中国农业出版社.

中华人民共和国商务部，2013. SB/T 10895—2012 鲜蛋包装与标识［S］. 北京：中国农业出版社．

中华人民共和国卫生部，2011. GB 7718—2011 食品安全国家标准 预包装食品标签通则［S］. 北京：中国农业出版社．

中华人民共和国质量监督检验检疫总局，中国国家标准化管理委员会，2013. GB 10648—2013 饲料标签［S］. 北京：中国农业出版社．

中华人民共和国质量监督检验检疫总局，中国国家标准化管理委员会，2017. GB 13078—2017 饲料卫生标准［S］. 北京：中国农业出版社．

附　　录

附录1　散养蛋鸡提高产蛋率的措施

| 育成期的饲养管理 | 1. 控制鸡群营养水平，控制雏鸡体重，粗蛋白水平控制在15%以内，避免体重过大影响产蛋率。
2. 上午和下午各放牧一次，每只鸡平均采食饲料0.060~0.065 kg/d。
3. 定期称量鸡的体重，确保鸡群整齐度一致。 |

| 预产蛋期的饲养管理 | 1. 确保鸡群整齐度，降低生理应激。
2. 及时淘汰鸡群中瘦、弱、病鸡只。
3. 做好鸡群的驱虫管理。
4. 做好鸡群的免疫管理。
5. 做好鸡舍和养殖环境的卫生和消毒。
6. 布置好产蛋箱，降低鸡蛋破损率。
7. 应适当增加鸡群光照时间，提高饲料中蛋白质和钙元素的水平。 |

| 初产期的饲养管理 | 1. 降低应激因素影响。应激因素包括高温、低温、圈舍通风不良、饲养密度过大、消毒不彻底、消毒剂选择不合理、养殖区域存在噪声等。
2. 光照处理。蛋鸡进入产蛋高峰期后，确保光照时间控制在16~17 h/d。实践证明，人工光照以每天早晨天亮以前补给效果最佳。
3. 营养供给。随着蛋鸡生殖生长逐步进入到旺盛时期，对营养物质的需要量不断增加。日粮中确保蛋白质的含量控制在15%~16%。任何时期的饲料更换，都应该按照循序渐进的原则进行，避免突然更换饲料，造成严重的应激。 |

| 高产期的饲养管理 | 1. 控制好产蛋率的增加速度。循序渐进逐步提高蛋鸡的产蛋率，严格控制饲料的投喂量，保证饲料营养价值全面，符合营养标准。
2. 产蛋高峰期的饲养管理。蛋鸡进入产蛋高峰期后，应进一步提高饲料中的营养价值，适当增加饲料中的维生素、微量元素的投喂量，增加机体抗病能力。同时注意补充免疫接种。 |

| 产蛋后期的饲养管理 | 1. 营养控制。产蛋后期，蛋鸡的产蛋能力下降，应逐步降低饲料中蛋白质饲料的配比，合理控制饲料投喂量。逐步增加钙元素，减少磷元素，调整饲料中钙磷比。
2. 及时淘汰低产鸡。饲养员应密切观察鸡群的生产能力，及时淘汰生产能力下降或停止产蛋的蛋鸡，避免鸡群中低产的蛋鸡较多，造成饲料浪费。 |

附录2　散养蛋鸡集蛋管理要点

1. 产蛋位的配置

散养鸡的产蛋位（箱或窝）的形状和制作材料各式各样，如砖石堆砌、木（铁）板钉制、草（藤、竹）编织等各种方法。根据饲养蛋鸡的品种体型大小，确定产蛋位的具体尺寸。一般内部空间为宽 30～35 cm，进深 35～40 cm，高 35～40 cm。产蛋位的进出口处应有可开闭的挡板。按每 5 只产蛋母鸡配置 1 个产蛋位，放置在离地 30 cm 高的安静避光处，如果双层或 3 层摆放，上层产蛋位下部要设有踏板，以方便产蛋母鸡进入产蛋位。母鸡开产前要准备好足够数量的产蛋位，否则会增加窝外蛋的数量，窝外蛋基本都是被污染的不合格蛋，而且会引发鸡群的食蛋癖。一旦鸡群中形成食蛋癖，将会给生产造成严重损失。产蛋箱应尽可能摆放在舍内的幽暗处。

2. 产蛋管理

开产初期：①加强诱导与训练母鸡，如于产蛋箱中放入空壳鸡蛋或乒乓球等蛋状物，诱使初产母鸡进入产蛋箱产蛋。②饲养管理员要每天早上天亮到上午 10：00 时间段内于鸡舍中巡视，促使初产母鸡为躲避人员而进入产蛋箱；若发现有在非产蛋箱内就巢产卵的母鸡，应小心将其抱入产蛋箱中。通过多次人为干预，母鸡就会习惯在产蛋箱中产蛋。

开产前：可以将产蛋箱直接放在地面上，避免蛋鸡在产蛋箱下阴暗处筑巢产蛋。随着产蛋高峰再将产蛋箱的位置逐步提高，一般可离地面 30 cm 左右，因为这时鸡只已形成在产蛋箱内产蛋的习惯。

产蛋箱维护：可用稻壳、短棉秸秆与稻草或杂草、树叶等其他垫料，垫料厚度为蛋箱挡板高度的1/3即可。垫料要定期添加与翻动，及时剔除其中的粪块、鸡毛、异物、受潮与结块的垫料等，保证产蛋箱内垫料干燥、清洁、无粪块和鸡毛等。

3. 集蛋

集蛋时间：上午为主。产蛋高峰期上午要集蛋3次，下午集蛋1次。下午集蛋后，将在产蛋箱内趴着的鸡只抱出，关闭产蛋箱，第2天早上开始光照后，及时将产蛋箱打开。

集蛋注意事项：①饲养员应用0.1％新洁尔灭消毒液洗手。②应将净蛋、脏蛋分别存放。③初选时，应剔除裂纹蛋、沙皮蛋、畸形蛋（过大、过小、过圆、过扁、双黄、皱纹）。对轻微污染（表面沾有少量污物）的脏蛋，可用小锯条、小刀或细纱布轻轻刮除污物，并对刮除处用0.1％癸甲溴氨溶液进行消毒处理。

附录 3　蛋鸡养殖禁止使用的
药品及化合物清单

	类别	禁止用途	名　称
蛋鸡的饲料和饮用水中禁止使用的药物品种	β-肾上腺受体激动剂	所有用途	盐酸克伦特罗、沙丁胺醇、硫酸沙丁胺醇、莱克多巴胺、盐酸多巴胺、西巴特罗、硫酸特布他林、苯乙醇胺 A、班布特罗、盐酸齐帕特罗、盐酸氯丙那林、马布特罗、西布特罗、溴布特罗、酒石酸阿福特罗、富马酸福莫特罗、盐酸可乐定、盐酸赛庚啶
	性激素	所有用途	己烯雌酚、雌二醇、戊酸雌二醇、苯甲酸雌二醇、氯烯雌醚、炔诺醇、炔诺醚、醋酸氯地孕酮、左炔诺孕酮、炔诺酮、绒毛膜促性腺激素、促卵泡生长激素
	蛋白同化激素	所有用途	碘化酪蛋白、苯丙酸诺龙及苯丙酸诺龙注射剂
	精神药品	所有用途	盐酸氯丙嗪、盐酸异丙嗪、安定（地西泮）、苯巴比妥、苯巴比妥钠、巴比妥、异戊巴比妥、利血平、艾司唑仑、甲丙氨酯、咪达唑仑、硝西泮、奥沙西泮、匹莫林、三唑仑、唑吡旦、其他国家管制的精神药品
	抗生素滤渣	所有用途	生产抗生素的工业废渣
蛋鸡生产中禁用的兽药及其他化合物	β-兴奋剂	所有用途	克伦特罗、沙丁胺醇、西马特罗及其盐、酯及制剂
	性激素	所有用途	己烯雌酚及其盐、酯及制剂
	具有雌激素样物质	所有用途	玉米赤霉醇、去甲雄三烯醇酮、醋酸甲孕酮及制剂
	酰胺醇类	所有用途	氯霉素及其盐、酯（包括琥珀氯霉素）及制剂
	硝基呋喃类	所有用途	呋喃唑酮、呋喃它酮、呋喃苯烯酸钠及制剂

（续）

类别		禁止用途	名 称
蛋鸡生产中禁用的兽药及其他化合物	硝基化合物	所有用途	硝基酚钠、硝呋烯腙及制剂
	催眠镇静类	所有用途	安眠酮及制剂
	类固醇激素	所有用途	醋酸美仑孕酮、甲基睾丸酮、群勃龙、玉米赤霉醇
	其他类	所有用途	氨苯砜及制剂
	杀虫剂类	杀虫剂	林丹（丙体六六六）、毒杀芬（氯化烯）、呋喃丹（克百威）、杀虫脒（克死螨）、双甲脒、酒石酸锑钾、锥虫砷胺、孔雀石绿、五氯酚酸钠、各种汞制剂（氯化亚汞、硝酸亚汞、醋酸汞、吡啶基醋酸汞）
	性激素类	促生长	甲基睾丸酮、丙酸睾酮、苯丙酸诺龙、苯甲酸雌二醇及其盐、酯及制剂
	催眠镇静类	促生长	氯丙嗪、地西泮（安定）及其盐、酯及制剂
	硝基咪唑类	促生长	甲硝唑、地美硝唑及其盐、酯及制剂
	抗菌药	所有用途	头孢哌酮、头孢噻肟、头孢曲松（头孢三嗪）、头孢噻吩、头孢拉啶、头孢唑啉、头孢噻啶、罗红霉素、克拉霉素、阿奇霉素、磷霉素、硫酸奈替米星、克林霉素（氯林可霉素、氯洁霉素）、妥布霉素、胍哌甲基四环素、盐酸甲烯土霉素（美他霉素）、两性霉素、利福霉素等及其盐、酯及单、复方制剂，氟罗沙星、司帕沙星、甲替沙星、洛美沙星、培氟沙星、氧氟沙星、诺氟沙星及其盐、酯及单、复方制剂，万古霉素及其盐、酯
蛋鸡生产中废止的饲料添加剂兽药及其他化合物	抗菌药	添加剂	土霉素预混剂、土霉素钙预混剂、亚甲基水杨酸杆菌肽预混剂、那西肽预混剂、杆菌肽锌预混剂、恩拉霉素预混剂、黄霉素预混剂、维吉尼亚霉素预混剂、硫酸黏杆菌素预混剂
	抗菌药	治疗	洛美沙星、培氟沙星、氧氟沙星、诺氟沙星4种原料药的各种盐、酯及其各种制剂、喹乙醇

（续）

	类别	禁止用途	名　　称
蛋鸡生产中废止的饲料添加剂兽药及其他化合物	有机砷制剂	促生长	氨苯胂酸、洛克沙胂
	杀虫类	杀虫剂	非泼罗尼

注：引自中华人民共和国农业部公告第 176 号、第 193 号、第 1519 号、第 2292 号、第 2428 号、第 2638 号，中华人民共和国农业农村部公告第 246 号、第 250 号，NY/T 5030《无公害农产品　兽药使用准则》。农业农村部如发布新的禁用兽用抗菌药清单，执行新的禁用清单。

图书在版编目（CIP）数据

散养蛋鸡标准化养殖质量安全风险管理／吉小凤主编；赵阿勇，丁向英，肖英平副主编. —北京：中国农业出版社，2023.1

（特色农产品质量安全管控"一品一策"丛书）
ISBN 978-7-109-30375-1

Ⅰ.①散… Ⅱ.①吉… ②赵… ③丁… ④肖… Ⅲ.①卵用鸡－饲养管理－质量管理－安全管理－风险管理 Ⅳ.①S831.4

中国国家版本馆 CIP 数据核字（2023）第 017042 号

中国农业出版社出版

地址：北京市朝阳区麦子店街 18 号楼
邮编：100125
责任编辑：神翠翠　张鸿光
版式设计：杨　婧　责任校对：周丽芳
印刷：中农印务有限公司
版次：2023 年 1 月第 1 版
印次：2023 年 1 月北京第 1 次印刷
发行：新华书店北京发行所
开本：880mm×1230mm　1/32
印张：4.5　插页：4
字数：105 千字
定价：29.80 元

林地放养

坡地散养

平地散养

竹林散养

棚舍散养

坡地圈养

林地散养

饮水器

散养鸡蛋　　　　　　　　　　　　消毒池

H9N2 低致病性禽流感——气管内干酪　　H9N2 低致病性禽流感——气管黏膜充
样渗出物　　　　　　　　　　　　　　血出血

H9N2 低致病性禽流感——气管黏液渗出和纤维素性炎症

H9N2 低致病性禽流感——黏膜弥散性出血

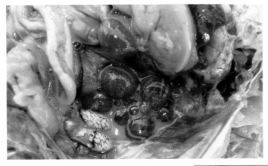

H9N2 低致病性禽流感——卵泡充血、破裂、腹膜炎

高致病性禽流感——腿部角质层下胶冻样渗出

高致病性禽流感——小肠出血灶

高致病性禽流感——胸肌、腹部脂肪均有散在性出血

鸡痘

禽霍乱——肝脏密布坏死点

禽霍乱——脾脏坏死、内脏与
胸腹膜广泛性出血

禽霍乱——十二指肠黏膜出血、
内容物出现血凝块

禽霍乱——心冠沟和心肌出血

球虫病——盲肠出血

球虫病——小肠出血、肿胀

组织滴虫病——肝脏坏死

组织滴虫病——盲肠黏膜坏死

组织滴虫病——盲肠肿胀、坏死

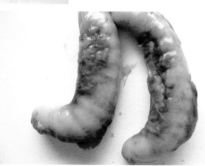